七堂保险金信托课

李升 著

電子工業出版社
Publishing House of Electronics Industry
北京 • BEIJING

内容简介

本书从信托简史、信托基础、集合资金信托计划、家族信托、保险金信托、保险金信托实操案例、实务问答七个角度，全面讲解保险金信托这一新型财富管理工具。通过阅读本书，相关金融从业者能更好地开展保险金信托业务，普通读者能进一步了解保险金信托，更合理地规划私人财富的保障及传承。

图书在版编目（CIP）数据

七堂保险金信托课 / 李升著 .—北京：电子工业出版社，2020.10
ISBN 978-7-121-39547-5

Ⅰ . ①七… Ⅱ . ①李… Ⅲ . ①财务管理—通俗读物
Ⅳ . ① TS976.15-49

中国版本图书馆 CIP 数据核字（2020）第 175366 号

责任编辑：张　毅　zhangyi@phei.com.cn
印　　刷：鸿博昊天科技有限公司
装　　订：鸿博昊天科技有限公司
出版发行：电子工业出版社
　　　　　北京市海淀区万寿路 173 信箱　　邮编：100036
开　　本：787×1092　1/32　　印张：7.5　　字数：115 千字
版　　次：2020 年 10 月第 1 版
印　　次：2023 年 10 月第 10 次印刷
定　　价：69.00 元

凡所购买电子工业出版社图书有缺损问题，请向购买书店调换。若书店售缺，请与本社发行部联系，联系及邮购电话：（010）88254888，88258888。

质量投诉请发邮件至 zlts@phei.com.cn，盗版侵权举报请发邮件至 dbqq@phei.com.cn。

本书咨询联系方式：（010）57565890，meidipub@phei.com.cn。

前　言
Preface

在中国传统文化中，“水”代表财。典型徽派建筑中的天井，讲究“四水归堂”，就是求聚财之意。我们就以水为喻，看看财富管理的三个维度：数量、时间和流向。

财富管理的第一个维度是数量，即财富的多寡，它是财富管理的核心与基础，离开数量，财富管理就无从谈起。也就是说，我们希望积蓄很多的水。大家都知道水有一个特性，那就是蒸发。财富也一样，因为通货膨胀、持有成本等因素，财富会随着时间的流逝而缩水——这就是财富管理必须关注的第二个维度：时间。财富管理的第三个维度是流向，它指的是在我们百年之后，创造的财富会归谁所有。如果财富不能传承到我们希望接手的人手里，不能泽及后代，我们又是在

“为谁辛苦为谁忙”呢?

改革开放以来，中国经济获得了较长时间的高速发展，一大批时代的弄潮儿抓住机遇，积累了大量的私人财富。在创富、增富、传富、守富这四个财富阶段中，他们成功地完成了前两个。近年来，随着创富一代逐渐步入暮年，以及中国经济进入中高速增长的新常态，中国高净值人士的家业、企业都进入了交接的节点。如果说改革开放以后头一个40年的主基调是创富与增富，那么，我们现在身处其中的这个时期，主基调就是传富与守富。这意味着，我们需要解答财富对抗时间和有序传承两个命题。

国人讳谈生死，因此很多创富一代下意识地回避传承问题，想当然地把传承简单理解为继承。继承与传承，虽仅是一字之差，却有着本质的不同。

继承一般是在被继承人去世之后进行的，如果被继承人生前不做安排，几乎不可避免地会带来继承纠纷。新闻上屡见不鲜的遗产争夺大战，就是其典型体现。即便继承时没有纠纷，继承流程也很烦琐，要一一攻克继承权公证等难关，费时费力。

传承，是指财富拥有者提前安排好各类财产在代际之间的定向转移。合理的传承规划，能够实现所有权、控制权、受益权的平衡，避免纷争。

可以说，继承让财富所有者生前省事，百年之后，继承者麻烦，财富有风险；传承让财富所有者生前麻烦，百年之后，继承者省事，财富江山稳固。

财富形式的多样性，也增加了财富传承的复杂性。特别是对于高净值家族来说，需要传承的不仅是各种形态的物质财富，还包括家族精神和家族文化。这对财富传承规划提出了更高的要求和挑战，要具备顶层设计思维，并综合运用各类法律、金融工具。

在如今的各类家族财富传承方案中，越来越多地出现了保险金信托这一工具。保险金信托结合了人寿保险和家族信托这两种“他益”型工具的优势。人寿保险具有风险管理和杠杆功能，家族信托具有隔离风险、传承灵活、管理财富和保护隐私的优势。这两种工具的结合，能更好地满足财富保障及传承的需求。也就是说，利用好保险金信托这一工具，既能使财富有序传承，又能让财富对抗时间，保值增值。

2014年，中信信托和信诚人寿（现“中信保诚人寿”）合作落地了国内第一单保险金信托，自此，保险金信托进入发展快车道。据不完全统计，2017年，6家开展保险金信托业务的信托公司累计实现业务1000余单。2020年4月，仅平安信托受托设立的保险金信托数量就突破了3000单，中信信托的保险金信托数量也突破了1000单；同在此月，平安信托还受托设立了一单总保额近2亿元的保险金信托。由此可见，保险金信托已经得到众多中产家庭和高净值人士的认可。

本书作为一本介绍保险金信托的入门书，不仅对保险金信托的基础理论知识进行了较为详尽的总结和梳理，也对实务中我们经常会遇到的困惑和问题进行了专门解答。希望本书能为中产家庭和高净值人士的财富传承和保障规划提供一定的帮助。

适逢其时，躬逢其盛。站在新时期的起点，我们相信，保险金信托一定会进一步发挥保险和信托的制度优势，更好地满足客户财富保障和传承的多维度需求。

目 录

Contents

03 集合资金信托计划

04 家族信托

05 保险金信托

06 保险金信托实操案例

07 实务问答

01

信托简史

现代信托起源于英国的用益制度，后在美国完成了从民事信托到商事信托的过渡。20 世纪初，现代信托从日本传入我国，之后，我国的信托业经历了较为曲折的发展。改革开放后，我国的信托业进行了六次大整顿，信托业逐渐步入正轨并迅速发展。

在英美等西方发达国家，信托作为一种财富管理和传承的工具，已经得到了人们的普遍认可。很多名门望族，比如美国的洛克菲勒家族，在绵延六代后依旧长盛不衰，很大程度上就得益于早早运用了信托这一工具。

可是在中国，人们对信托的认识和理解还远远不够。大多数人对信托的了解，仅限于它是一种投资、融资手段，而对其财富管理、财富传承等方面的功能所知甚少。

这种认知上的差异是如何产生的呢？要解答这个问题，就需要了解信托的起源和它在国内的发展。

信托“寻根”：4000 多年前的“信托”行为

“信托”这个词，听起来很“洋气”、很“现代”，可是如果追根溯源，我们可以在人类文明曙光初现的时候找到它的身影。学术界一般认为，目前可考的最早的原始信托行为，是距今 4000 多年前古埃及的“遗嘱信托”。据史料记载，公元前 2548 年，在古埃及人留下的一份遗嘱中，包含了信托的基本要素。[①] 在这份遗嘱中，遗嘱人指定由他的妻子继承财产，由他的子女做受益人，同时为子女指定了监护人，并设有遗嘱见证人。

4000 多年前古埃及人的这种做法，当然不是现代

---

① 温衡 . 论信托的担保功能与实现路径［D］. 济南：山东大学，2018.

意义上的设立信托，称为立遗嘱更合适。但从现代信托架构的角度来看，它也是一个完整的信托行为：有委托人、受托人、受益人，有信托目的、信托财产，甚至还有第三人作证。所以，信托业常把古埃及人的这种立遗嘱的方式称为原始信托行为。

在当时，也没有产生“信托”的概念。直到大约2000年后，在古埃及地中海对岸的古罗马，“信托”这个词才第一次出现在人类的语汇中。

古埃及“遗嘱信托”与现代信托架构比较

“遗嘱信托”	现代信托
遗嘱人	委托人
妻子	受托人
子女	受益人
保障子女利益	信托目的
遗嘱人的遗产	信托财产
遗嘱见证人	监察人

古罗马的“信托遗赠”制度

“信托”这个概念的出现，可追溯到约公元前500年古罗马的“信托遗赠”制度（又称“遗产信托”制度）。

要理解信托遗赠制度为何出现，需要先知道一个背景：根据当时罗马市民法的规定，生活在罗马的人被分为罗马市民、拉丁人、归降人、异邦人、奴隶等。只有罗马市民才享有完整的市民权，而完整的市民权中就包括了继承权。

也就是说，除了享有完整的罗马市民权的人，其他的人，如拉丁人、归降人、异邦人和奴隶，均不享有继承权。“《尤尼亚法》不允许他们自己立遗嘱，不允许他们依据他人的遗嘱取得财产，也不允许他们通过遗嘱被指定为监护人。”“那些属于归降者的人，同所有异邦人一样，在任何情况下均不得依据遗嘱取得财产，而且，按照被普遍接受的观点，也不能自己立遗嘱。”[①] 可是，肯定会出现的一种情况是：遗嘱人不想把遗产留给有继承权的人，而希望留给不具有继承权的人。为了应对这种情况，古罗马人发明了一种变通的方法。

在遗嘱继承人没有继承权的时候，遗嘱人将自己的财产移交给其信任的第三人，并要求第三人为了其妻子或子女的利益代行对这些财产的管理和处分，从而在事实上实现遗产的继承。关于这种行为，优士丁尼在《法学阶梯》中写道：“当某人欲以遗产或者遗赠物给他所不能直接遗给的人时，他便通过信托那些能够依遗嘱获得遗产的人来实现之。之所以将其称为遗产信托，是因为他不能依法律去制约任何人，而只能依靠他所委托的人的诚信来进行制约。”[②] 这就是遗产信托制度，或者称为信托遗赠制度。

---

① 盖尤斯．盖尤斯法学阶梯［M］．黄风，译．北京：中国政法大学出版社，2008.

② 费安玲．罗马法继承研究［M］．北京：中国政法大学出版社，2000：259. 转引自：优士丁尼．法学阶梯（第二编）［M］.

在遗产信托中，遗嘱人请求继承人、受遗赠人等受托人实施某种使第三人受益的行为，其中包括要求受托人将遗产的全部或部分转移给第三人。遗产信托的受益人可以是不具有遗产继承能力（权利）的人，这样，被禁止设立为继承人的妇女、拉丁人、不满 30 周岁的奴隶、异邦人、独身者、不确定者，也可以通过遗产信托的方式获得被继承人的财产。①

不难看出，遗产信托制度中已产生了比较完整的信托概念，它涉及三个主体：遗嘱人（委托人）、受托人和信托受益人。其中，受托人既是继承人，又具有遗产管理人的地位，他要按照遗嘱人的意愿管理财产，并将收益或遗产转交给信托受益人。信托受益人是事实上的遗嘱人的遗产继承者，但又不同于罗马法规定的继承人。

遗产信托制度只是遗产转移的一种方式，而对遗产信托的司法保护也经历了一个从无到有的过程。早期的遗产信托并不要求严格的法律形式，因此它并不具有法

① 黄风 . 罗马法（第二版）［M］. 北京：中国人民大学出版社，2014：221. 转引自：盖尤斯 . 盖尤斯法学阶梯［M］.

律上的约束力，受托人只有道义上的义务，一旦受托人不履行受托义务，受益人无法借助法律手段获得其应得权益。后来，奥古斯都（屋大维）在一些特殊情况下从法律上认可了这一制度，并允许对不履行义务的受托人进行审判，[①] 受益人的权利才逐渐获得法律保护。

因为古罗马遗产信托制度中的“信托”完全是一种无偿的民事行为，没有成为以营利为目的的商业行为，所以它并非现代信托制度的起源。

---

① 黄风．罗马法（第二版）[M]．北京：中国人民大学出版社，2014：221.

从用益到信托：近代信托的诞生

近代信托，起源于英国的用益（USE，也称“尤斯”）制度。“用益”，在英语中是“代而为之”的意思。用益制度，是指土地保有人为了他人的利益而保有土地的制度。它是为了规避封建土地制度以及与其有关的法律而发展起来的一种土地转让制度。[1]那么，用益制度是怎样出现的呢？

用益制度出现的原因

用益制度的出现，与中世纪英国的政治、经济和宗教等诸多因素有着千丝万缕的联系，其中，有几个因素

① 李宜利 . 近代早期英国关于财产继承模式的争论及影响［J］. 商界论坛，2013（7）.

尤其重要。

第一个因素是规避长子继承制。1066 年诺曼征服之后，英格兰的封建化进程进一步加快，国王成为英格兰土地的最高领主，所有臣民直接或者间接持有国王的土地。国王将留为己用之外的土地分封给世俗贵族和教会贵族，贵族再将土地转租给农民，换取钱财和劳务。[①]

12 世纪末 13 世纪初，英国确立了以长子继承制为主要特征的普通法继承规则。根据这个规则，只有成年长子才享有法定的土地继承权，在继承土地时，还必须向封建领主缴纳数量可观的土地继承税；如果一个农民膝下无子，他所持有的土地就会被封建领主收回。对于土地保有人来说，既希望在自己死后能够由长子继承土地，并避免巨额的土地继承税，又希望其他没有继承权的子女和遗孀的生活有保障。因此，土地保有人迫切需要一种新的制度来解决这些问题。

---

① 刘兵红．英国财产权体系之源与流［M］．北京：法律出版社，2014：19.

在当时的英国，由于土地保有人可以将自己保有的土地自由转让给他人，就使得土地保有人找到了变通之道。具体的做法是，土地保有人在活着的时候，把土地转让给他人经营管理，获得的收益归转让者本人所有；转让者去世后，该利益由转让者指定的继承人享有。土地在转让之后，不再属于原转让者所有，不列入其遗产范围，无须缴纳土地继承税；同时，利用这种“用益”制度，也规避了长子继承制，并为其他的子女和亲人留下了一份财产。

比如，土地保有人张三把土地转让给甲、乙、丙三人，使之成为共同保有人。同时约定，共同保有人将土地收益交给张三指定的受益人，受益人可以是张三的子女、遗孀等，由此就保障了他们的生活。待张三的子女成年后，共同保有人再将土地转让给他们，这样既可以规避长子继承制，也可以规避沉重的土地继承税。之所以设立三个共同保有人，是因为如果只转让给一个人，这个人死后，就会发生继承；而在有三位共同保有人的情况下，即使其中一个保有人死亡，只是共同保有人少了一个，不会触发继承事件。

第二个因素是规避《没收条例》。13 世纪的英国，人们普遍信奉宗教，教徒们受教会“活着要多捐献，死后才可以升入天堂”宣传的影响，常把身后留下的土地捐献给教会。根据英国当时法律的规定，教会对土地和动产享有的权利不受世俗政府的约束，永久免税。同时，由于教会不会死亡，可以永久占有土地，导致教会持有的土地不断增多。当越来越多的土地到了教会手里，君主的利益便受到了触犯。

为扭转这一局面，13 世纪末，英王亨利三世颁布了《没收条例》，规定土地转让给教会必须经国王许可，否则一律没收，归国王所有。《没收条例》的颁布虽然产生了一定的效果，但对很多教徒来说，仍未能让他们放弃将土地捐献给教会的愿望，反而迫使他们另想办法。

在当时的英国，很多法官也是教徒，为了应对《没收条例》，他们参照罗马法中的遗产信托制度，创立了用益制度。用益制度的大致内容是：凡要将土地捐献给教会者，不直接让渡，而是先赠送给第三人，第三人就被称为用益人，用益人再将从土地上取得的收益转交给教会。如此一来，用益人事实上是“替教会管理或使用土地”，教会则是受益人。[①] 这种做法虽然不能使教会取得被转让的土地，却能使教会获得由该土地产生的全部利益，而且不违背国王的法令。

第三个因素是保护十字军战士的土地利益。英国在13世纪后发动了数次十字军东征，参加东征的一些地主或骑士担心自己的家人得不到照顾，就将土地转让给亲戚或朋友经营管理，并嘱咐他们用土地的收益保障家人的生活需要，如果骑士平安回来，亲戚或朋友需要归还土地。这大大推动了用益制度的普及。

《用益法》的颁布

用益制度的广泛施行，导致国王和贵族从土地上获得的收入大大减少，因此，他们极力反对用益制度。另外，一些居心不良者利用用益制度欺骗委托人和受益人的情况开始频繁出现。为了解决用益制度带来的种种问

---

① 李宜利．近代早期英国关于财产继承模式的争论及影响［J］．商界论坛，2013（7）．

题，收回土地上的权益，1535 年，英王亨利八世制定了《用益法》。

《用益法》取消了现实中盛行的用益设计，通过将受益人衡平法[1]上的受益权转化为普通法上的所有权，剥夺了受托人受让财产的权利。也就是说，用益设计下的受益人将如同直接获得转让一样，成为普通法上的所有人，如此一来，国王和贵族便能再次获得土地上的税收收入。[2]举个例子来说，假如张三为了儿子张小三的利益，把土地转移给甲、乙、丙三人，在《用益法》颁布后，张小三将被视为土地的所有人，甲、乙、丙三人被无视了。

然而，由于《用益法》本身的疏漏以及衡平法院的介入，彻底取消用益设计的努力失败了。因为在对《用益法》加以解释时，人们发现，《用益法》只适用于土

① 衡平法是由代表国王的王室大法官凭借公平和良心判案形成的法律制度。刘金凤，许丹，何燕婷等 . 海外信托发展史［M］. 北京：中国财政经济出版社，2009：2.

② 周小明 . 信托制度的比较法研究［M］. 北京：法律出版社，1996：81.

地用益，而不适用于动产和准不动产用益、积极用益（Active Use）、双层用益（Use upon A Use）这三类用益。

《用益法》排除了动产和准不动产用益。动产本来就可以通过遗嘱或口头转移，因此用益不能滥用于它们。准不动产，或者称为“有期地产”，是指有期限的地产，也就是租赁保有地产，这种地产并非自由地产，因此《用益法》也不适用。此后，随着封建体制的瓦解，到17世纪，大法官开始承认动产和准不动产用益，并且以“信托”的名义对之加以保护。

积极用益需要受托人履行一定的职责，承担积极的管理责任，如出售土地、收取租金或利润并交付给受益人。到16世纪晚期，大法官开始以“信托”的名义承认积极用益。

双层用益也被称为“用益之上的用益”，其结构为：张三把土地转让给李四，规定李四为王五的用益，即李四把土地转让给王五，同时王五为张小三的用益而占有土地。在这个结构中，李四的用益是第一层用益，但只是名义上的用益；王五的用益是第二层用益，却是实际上的用益。但是，普通法院并不承认双层用益，只对第一层用益适用《用益法》，由此，人们就能通过双层用益在事实上使用用益制度。双层用益的出现，使人们对用益的法律适用出现不同意见。为了对“用益”和“双层用益”加以区别，衡平法将“第二层用益”称为“Trust”，即信托。1723 年，大法官明确，第二层用益作为“信托”受到保护。

由此可见，用益制度是信托制度的最早起源，而《用益法》导致的三项用益例外，则是信托制度产生的直接渊源。

英国法学家梅特兰高度评价了英国人创立信托概念的贡献：“如果有人要问，英国人在法学领域取得的最伟大、最杰出的成就是什么，那就是历经数百年发展起来的信托概念。”

现代信托的确立和发展

1925 年，英国以“财产法”（The Law of Property Act）替代了《用益法》。从此，所有的信托都可以用《用益法》颁布前设立“Use”的方法予以设立，“Use”与“Trust”也不再有区别，而完全统一于“Trust”的概念。这标志着现代信托制度的最终确立。[①]

关于现代信托的发展，行业内有人开玩笑说：信托是“生在英国，长在美国，在日本发生了基因突变”，这说的是，现代信托起源于英国，在美国得到了重要发展，在日本被进一步创新。信托在英国的起源我们已经了解了，下面就看看它在美国和日本的传播及创新。

---

① 周小明 . 信托制度的比较法研究［M］. 北京：法律出版社，1996：82.

美国这个资本主义的后起之秀，对现代信托的最大贡献，是完成了从民事信托到金融信托的发展。直到现在，英国的信托业务也远不如美国发达，特别是金融信托。

19 世纪初，信托制度就已经在美国兴起。刚开始，信托制度在美国的情况也像在英国一样，仅仅是个人用于承办执行遗嘱、管理财产等民事信托行为的工具，但美国并没有将信托局限于原来在英国的观念。美国在继承个人间以信任为基础、以无偿为原则的非营业信托的同时，创造性地把信托作为一种事业，将个人承办变为法人承办，并以公司组织的形式进行大范围的商事经营。至此，以营利为目的的金融信托公司应运而生。

美国的信托机构在创立时，是与保险业结合在一起的。1822 年，美国的“农民火灾保险借款公司”（Farmers’ Fire Insurance & Loan Company）开始兼营以动产和不动产为对象的信托业务，之后该公司更名为“纽约农民贷款与信托公司”（Farmers’ Loan and Trust Company of New York），从名称上突出信托的含义。这是美国第一家信托公司，也是世界上第一家信托公司。

1853年，美国联邦信托公司在纽约成立，这是美国第一家专门的信托公司，与兼营信托业务的保险公司相比，它的信托业务有了一定程度的扩大和深化。由此，美国最早（比英国早几十年）完成了个人受托向法人受托、民事信托向金融信托的发展，为现代金融信托制度奠定了基础。[①]

1865年，美国南北战争结束后，因为急需资金用于战后重建，美国政府对信托公司的管制变得宽松，信托作为筹措资金的有效手段，取得了异常迅猛的发展。二战之后，美国政府采取温和的通货膨胀政策，刺激经济的发展，与此同时，被战争长期压抑的消费需求在战后得到了释放，人民购买力不断增加。这大大促进了非银行金融机构的发展，而信托业趁机也得到迅速发展。[②]

如今，美国已经成为世界上信托业最发达的国家。在美国，信托观念已经深入人心，证券投资信托成为美

---

① 赵梦远．近代早期英国关于财产继承模式的争论及影响［J］．现代商业，2013（5）．

② 魏曾勋等．信托投资总论［M］．成都：西南财经大学出版社，1993：114—117.

国证券市场的主要机构投资者，金融信托也成为美国商业银行业务中的一个重要组成部分。

日本是最早引入信托制度的大陆法系国家之一，其信托制度是从美国引进的。1902 年（明治三十五年），日本兴业银行首次办理信托业务。作为银行的主要筹资方式，日本的信托业务逐渐发展起来。1922 年，日本颁布了《信托法》，1923 年又颁布了《信托业法》，这标志着日本信托业进入了一个相对成熟的阶段。

20 世纪 50 年代之后，日本结合本国国情，对信托业务进行了积极创新，开发出了种类繁多的信托新业务，如证券投资信托、贷款信托、基金信托、公益信托、特定赠与信托、土地信托、年金资产信托、客户分享金信托，等等。这不仅对二战后日本的经济发展作出了积极的贡献，也有效地推动了现代信托业的发展。

因信而托：中国古代的信托行为

古代中国以小农经济为主，商品经济不发达，与英国中世纪时的社会环境也大不相同，因此没有产生为他人的利益而管理财产的“信托”观念。

中国古代虽然没有信托的说法，却也存在着信托的影子。千百年来，中国人以“仁、义、礼、智、信”作为基本价值观，其中的“信”就是要守信用、讲信义，所谓“言必信，行必果”说的就是这个。因此，如果把“信托”广义地理解为因信任而托付的行为，那么可以说它一直存在于古代中国人的各种民事活动中。

白帝城托孤

三国时期，刘备在临终之前将国事和家事一并托付给诸葛亮，这就是著名的“白帝城托孤”的故事。以信托的观点来看，这是一个非常典型的信托案例。

关羽被东吴杀害以后，刘备报仇心切，不听诸葛亮的劝告，亲自率军出征讨伐东吴，为关羽报仇。结果刘备大败，退到白帝城，一病不起。

据《三国志》记载，公元223年，刘备自知大限将至，就请来了丞相诸葛亮、尚书令李严，将后事托付给他们。

刘备对诸葛亮说："君才十倍曹丕，必能安国，终定大事。若嗣子可辅，辅之；如其不才，君可自取。"意思就是说，诸葛先生的才干比曹丕高十倍，一定能办成大事（平定天下），如果我的儿子刘禅有能力做皇帝，你就帮助他，实在不行，你就自己做两川之主。诸葛亮回答："臣敢竭股肱之力，效忠贞之节，继之以死！"就是说，我一定全力效劳，辅助太子，一直到死为止。后来，诸葛亮果然践行了自己的承诺，为了辅助蜀汉而六出祁山，鞠躬尽瘁，死而后已。

从现代信托的角度来看，"白帝城托孤"很显然是一个非常完备的信托行为。

其一，信托主客体明确，信托关系清晰。委托人是刘备，受托人是诸葛亮，受益人是刘禅，信托财产是蜀国江山，甚至还有信托监察人——尚书令李严。李严这个信托监察人，在一定程度上可以起到监督和制衡诸葛亮的作用。

其二，以信任为基础，有明确的信托目的。委托人刘备对受托人诸葛亮给予了充分信任，否则也不会让诸葛亮做辅弼之臣。委托人刘备的信托目的很明确：为了保护受益人刘禅的利益。诸葛亮最后也的确是竭尽全力，尽到了诚实、信用、谨慎、有效管理的受托人义务。

白帝城托孤的“信托架构”

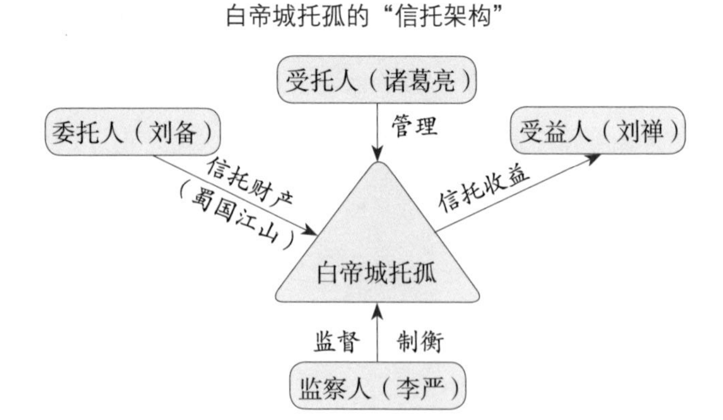

宋朝的“信托经理”

北宋时期，商品经济快速发展，国家经济空前繁荣。经济的繁荣带来了社会分工的多样化，一些细分的行业随之诞生，“行钱”就是其中一个。

“行钱”一词，在西汉即已出现，意为花钱、贿赂。但“行钱”作为代人放贷者的专门名称，并成为一种职业，则是从宋代开始的。宋人廉布的笔记《清尊录》中写道：“凡富人以钱委人，权其子而取其半，谓之行钱。富人视行钱如部曲也。”意思是：富人将钱委托给别人放高利贷，那个人可以自定利息率（“权其子”），得到的利息一半归自己，另一半交给富人，这种人叫作“行钱”。

拥有高利贷资本的富人把“行钱”看作自己的雇员，“行钱”则帮富人打理财产，使其增值获利。富人和“行钱”之间的关系与今天的信托关系非常相似，其中，“行钱”的角色就类似于今天的“信托经理”或“理财顾问”。

在中国古代，像“托孤”“行钱”这样人与人之间因信任而产生的托付行为，可以说比比皆是。然而，它们都没有上升到法律制度层面，只能说是一种“信托行为”，不能称之为信托制度。

现代信托在中国

北洋军阀时期，信托即已传入中国

20 世纪初，现代信托从日本传入中国。1913 年，日本人在东北发起设立的“大连取引所信托株式会社”，被认为是在中国最早出现的信托机构。1917 年，上海商业储蓄银行设立保管部，开始了中国人独立经营金融性信托业的历史。1921 年 8 月，中国第一家内资专业信托投资机构——中国通商信托公司在上海成立。

1936 年，全国共有信托公司 11 家，还有 42 家银行兼营信托业务。

新中国信托之肇始

中华人民共和国成立之后至 1979 年之前，在高度集中的计划经济体制下，金融信托没有得到发展。改革开放前夕，整个国家百废待兴，急需引进外资。为此，1979 年 10 月，在邓小平同志的亲自倡导和批准下，前国家副主席荣毅仁（时任全国政协副主席）创办了中国国际信托投资公司（现中信集团的前身），标志着新中国信托业的恢复和国家金融体制的改革。此时的信托，作为政府对外融资的窗口，背负着重大的历史使命，开始探寻引进外资建设社会主义的新渠道。

1980 年之后，各专业银行纷纷开设信托部，之后又将信托部改为专业银行全资附属的信托投资公司。当时，国内经济建设迫切需要加强与国际资本的合作，采取灵活多样的形式吸引外资，将国际资金筹集到国内，因此，该阶段的信托机构主要是对外融资的窗口，背负着冲破旧的金融体制、做改革开拓者的历史使命。[①]所以，此时的信托机构虽然冠以“信托”之名，实际上经营的并非真正意义上的信托业务，大多数还是银行的信贷业务。即使向来被视为信托业务的所谓“信托存贷

① 刘晓飞，孙嘉薇 . 我国信托业的整顿及问题［J］. 哈尔滨金融高等专科学校学报，2000（6）.

款”，其实与银行的信贷业务也并无二致，只有“信托”之名，而无“信托”之实。

更有甚者，为了维持和扩张所谓的“信托存款”，各信托机构还纷纷从其他金融机构低利拆借资金，并以“信托贷款”的方式，高利投放到计划外的基建项目甚至非生产项目上。这导致大量计划内的信贷资金转化为计划外资金，严重冲击了国家的信贷计划。

那时的信托机构既可以从事证券业务，也可以从事投行、代理、自营等业务，因此有人形容其业务“无所不能，无所不包”。正因如此，信托业时常发生不规范事件，积聚了大量的风险。信托业的改革迫在眉睫。

信托业的六次大整顿

随着中国经济的快速发展，市场化程度的不断深化，国家先后于 1982 年、1985 年、1988 年、1993 年、1999 年，对信托业进行了五次大规模整顿。特别是始于 1999 年的第五次整顿，被认为是信托业一次脱胎换骨式的变革。此次整顿让众多规模小、资不抵债的问题信托公司一律退出，最后重新注册的信托公司仅保留了不到 60 家。[1]

2002 年 7 月 18 日《信托投资公司资金信托管理暂行办法》的颁布，标志着信托业“一法两规”管理框架的确立，也意味着第五次整顿的结束，此后，中国信托业进入了新的时代。“一法两规”指的是 2001 年 10 月 1 日施行的《中华人民共和国信托法》（以下简称《信托法》）、2001 年 1 月 10 日颁布的《信托公司管理办法》（后于 2002 年 6 月 5 日修订，2007 年 3 月 1 日被新管理办法替代）、2002 年 7 月 18 日施行的《信托投资公司资金信托管理暂行办法》（后于 2007 年 3 月 1 日被新管理办法替代）。

2006 年年底信托业的第六次整顿，促进了信托业法律体系的完善。2007 年 3 月 1 日，新修订的《信托公司管理办法》和《信托公司集合资金信托计划管理办法》（后于 2009 年 2 月 4 日修订）施行。2010 年 8 月 24 日，《信托公司净资本管理办法》施行。至此，信托业形成了“一法三规”的法律架构。此后，监管部门又

---

① 钟加勇 . 信托业面临第六次整顿 [J] . 商务周刊，2004（7）.

陆续出台了一系列监管法规。法律体系的不断完善，使我国信托业逐渐进入了健康发展的快车道。

信托业的六次大整顿

	开始时间	整顿重点
第一次	1982年	明确信托业的经营方针和业务范围
第二次	1985年	重点进行业务清理，进一步明确信托业的性质和业务范围
第三次	1988年	撤并机构，业务清理
第四次	1993年	以法律形式确定银行与信托经营的原则
第五次	1999年	分业经营，分业管理
第六次	2006年	明确自有资金和信托资金业务范围，分类监管

2007 年 3 月 1 日，《信托公司集合资金信托计划管理办法》施行，明确将集合资金信托投资门槛调整为 100 万元人民币。因为信托理财可以提供相对固定的收益，还有隐性保本承诺（也就是常说的“刚性兑付”），所以，信托成为“土豪”们的最爱。与此同时，通道类信托业务让信托成为除银行之外的另一个融资平台。之

后，我国信托业的规模呈现出爆炸式的增长。

中国信托业新发展

2012 年年底，信托业受托管理资产为 7.47 万亿元，保险业总资产为 7.35 万亿元，信托业超越保险业成为中国金融行业的第二大支柱，仅次于银行业。

2018 年 4 月 27 日，中国人民银行、中国银行保险监督管理委员会（以下简称中国银保监会）、中国证券监督管理委员会（以下简称中国证监会）、国家外汇管理局共同发布《关于规范金融机构资产管理业务的指导意见》（以下简称“资管新规”），提出了严控风险的底线思维，要求减少存量风险，严防增量风险。于是，信托业开始主动收缩业务规模，调整发展重点，优化资产质量。

2018 年，信托业受托管理资产同比下降 13.5%，为近十多年来第一次出现下滑。在经历了 2018 年较大幅度的调整之后，2019 年信托业资产规模下降幅度明显变小。2020 年，信托行业积极响应监管号召，持续压降资产规模，2020 年一季度信托业规模延续 2018 年以来的下滑态势，但是降幅持续变小。

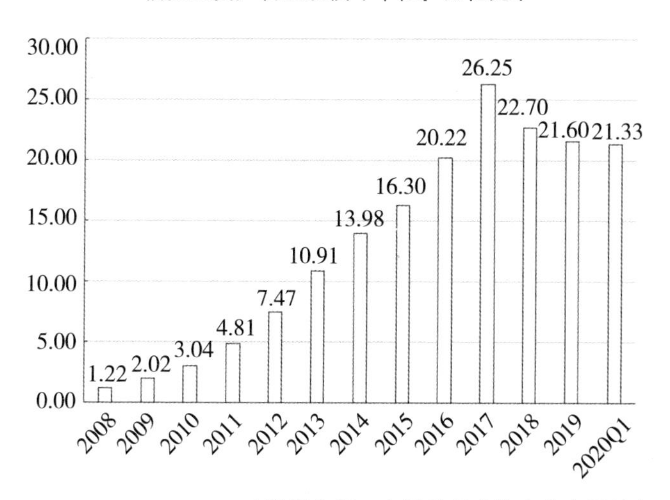

（资源来源：中国信托业协会官方网站）

在资产管理领域，信托公司是唯一可以横跨货币市场、资本市场和实业投资三大领域的金融机构。信托公司通过信托集中起来的资金，利用制度优势整合相关行业最优质资源，同时灵活运用债权、股权和物权等三大投资手段，可以在一定程度上有效降低投资风险，实现投资人收益的最大化。

回到本章开始的那个问题：为什么在英美等西方发达国家，信托被当作一种财富管理和传承的重要工具，而在国内，信托被多数人当作一种投资理财的工具呢？

信托起源于英国13世纪的用益制度，这意味着，信托是作为遗嘱、遗产安排等财产转移制度而出现的。[①] 可是在改革开放一开始，中国的信托制度是为了吸引国际投资。也就是说，在发展初期，我国的信托业走的就是一条不一样的发展之路，冠信托之名，未行信托之实，导致投融资业务一直是信托的主营业务。这便是一直以来信托被很多人定位为高端理财工具的原因。

如今，随着国内高净值人群年龄的增长，财富传承的需求越来越迫切。同时，国内信托业也正在回归本源，从商事信托逐渐向民事信托倾斜。信托制度不仅为高净值客户提供投资增值服务，也开始在家族财富管理和传承方面发挥其制度优势。古老的信托工具必将在新时代下的中国焕发出更闪耀的光彩。

---

① 刘鸣炜．信托制度的经济结构［M］．上海：上海远东出版社，2015：158.

小问题

如何介绍信托的历史？

起源

现代信托是为了解决遗产继承和财富传承难题而产生的法律制度。起源于中世纪的英国，在美国和日本得到进一步发展。

信托在中国

北洋军阀时期进入中国，新中国成立后中断。1979 年为引进外资成立了新中国第一家信托公司（中信信托的前身）。

趋势

1979 年以来，信托主要是一种投融资工具。2013 年之后，随着高净值人群财富传承的需求愈发迫切，家族信托开始在国内出现，并迅速发展。截至 2020 年 3 月底，全国一半以上的信托公司都开展了家族信托业务，家族信托存续规模已突破千亿元大关。

02

信托基础

信托的基本元素包括信托主体、信托客体、信托行为和信托目的。其中信托主体包括委托人、受托人和受益人，信托客体则是指信托财产。信托和其他金融工具的最大区别，是信托财产的独立性，这也是信托资产隔离功能的基础。

什么是信托：三个主体，四个维度

知道了信托的起源和发展，我们已经对信托有了大致的了解。那么，到底什么是信托呢？

在不同的语境下，信托有不同的含义，它可以指信托公司，也可以指信托产品，还可以指信托制度。从不同的角度考虑，信托的含义也不尽相同。从道德角度来看，信托是人们基于信任而进行委托的一种道德行为；从经济角度来看，信托是在信任的基础上，为受益人的利益对信托财产进行管理的一种经济行为；从法律角度来看，信托是当事人在信任的基础上，设立的一种特殊法律关系。

我们这里要介绍的信托，是指我国的信托制度。2001 年，我国颁布了《信托法》，其中第二条对信托下了明确定义："本法所称信托，是指委托人基于对受托人的信任，将其财产权委托给受托人，由受托人按委托人的意愿以自己的名义，为受益人的利益或者特定目的，进行管理或者处分的行为。”

从这个定义我们可以看出，信托是围绕委托人、受托人和受益人这三方当事人的权利和义务展开的，它涉及的是信托财产的转移、管理和信托利益的分配。下面这个结构图，可以帮助大家更好地理解信托。

信托关系结构图

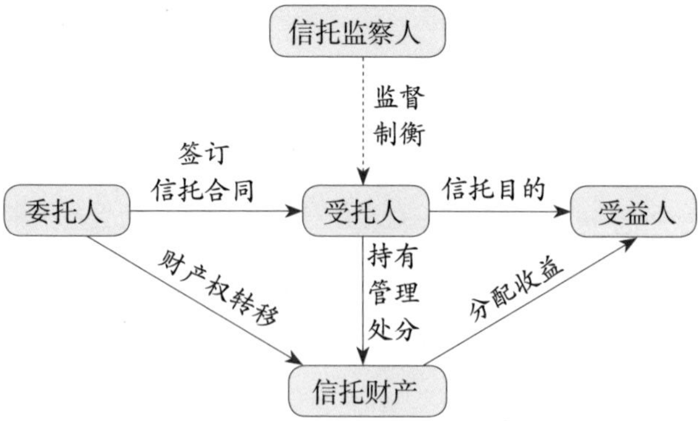

信托监察人
监督制衡
委托人
签订信托合同
受托人
信托目的
受益人
财产权转移
持有管理处分
分配收益
信托财产

在上面这张结构图中，“信托监察人”不是必备项，所以它下面的线是虚线。通过这张结构图我们可以清晰地看到，信托实际上就是三个主体（委托人、受托人、受益人）围绕一个客体（信托财产）展开的关系，而基于这些关系产生的权利和义务，受到法律和信托文件的强制性约束。

除此之外，我们还可以从四个维度来理解信托。

首先，信托的基础是信任。从本质上讲，信托是一种信任关系，正是凭借着信任，信托才得以设立并延续。这里的“信任”，指的是委托人对受托人的信任，具体来说，就是委托人信任受托人可以管理好自己的财产，并遵守承诺实现自己的意愿。当然，《信托法》为委托人的信任提供了法律保障。

其次，信托的前提是财产所有权的转移。可以说，整个信托行为都是围绕信托财产展开的。在设立信托时，委托人需要将信托财产的所有权转移给受托人。之后，受托人以自己的名义对信托财产进行管理或处分，并将信托利益分配给受益人。如果没有信托财产，信托也就无从谈起。需要注意的是，在信托财产转移后，受托人会成为信托财产的所有人，但信托财产会独立于受托人的其他财产，这一点我们会在后面详细介绍。

再次，信托的核心是受托人。在信托关系中，受托人处于核心地位，连接着委托人和受益人。正因如此，受托人的信托义务也是双重的——不仅需要顾及委托人的意愿，还要考虑受益人的利益。

最后，信托的目的是实现委托人的意愿。信托是委托人为了实现自己的某些意愿而发起的，不同的委托人会有不同的意愿。有些委托人希望通过信托来实现财富的增值，有些委托人希望通过信托来实现财富的传承。只要委托人的意愿合法且确定，受托人的行为就要围绕委托人的意愿来展开。[1]

可见，信托是以信任为基础，以信托财产的转移为前提，以受托人为核心，以实现委托人意愿为目的的一种法律行为。

---

① 王道远，周萍，翁两民，贺洋．信托的逻辑［M］．北京：中信出版集团，2019.

小问题

如何向客户简单说明什么是信托？

信托是一种特殊的法律关系

在这个关系中，客户作为委托人，将财产委托给信托公司，信托公司按客户的意愿管理财产，并将财产及收益分配给受益人。

通俗版说法

张三把钱给信托公司，信托公司根据张三的要求管理这笔钱，并按约定把这笔钱分配给张三指定的人，比如张小三等。

信托的功能优势

信托财产独立于委托人、信托公司和受益人，能实现资产隔离；信托公司根据委托人的意愿把信托收益分配给受益人，能便捷、灵活地进行财富传承。

“拆解”信托：主体、客体、行为和目的

如果说把信托看成一个完整的物件，拆开之后我们会发现，实际上构成它的要素就四个：信托主体，信托客体，信托行为，信托目的。要深入了解信托，首先需要对这四个要素有清晰的认识。下面我们就进入信托的内部，逐一认识信托的四要素。

信托主体

信托主体是指信托的当事人。从信托的定义我们可以看出，信托当事人包括委托人、受托人和受益人。

1. 委托人

委托人，是指设立信托计划的人，可以是自然人，也可以是法人。在信托实务中，委托人就是我们常说的客户或投资人。《信托法》第十九条规定：“委托人应当

是具有完全民事行为能力的自然人、法人或者依法成立的其他组织。”

2. 受托人

受托人，是指根据委托人的意愿对信托财产进行管理并承担相应义务的当事人。我们平常说的受托人，一般是指具有信托牌照的信托公司。那么，自然人能不能做受托人呢？完全可以！《信托法》第二十四条规定：“受托人应当是具有完全民事行为能力的自然人、法人。”不过，从商事行为和金融服务的角度来说，受托人应该是信托公司。截至 2020 年 6 月底，国内持有信托牌照且正常经营的信托公司只有 68 家。

68 家信托公司名录

安徽国元信托有限责任公司
安信信托投资股份有限公司
百瑞信托有限责任公司
北方国际信托股份有限公司
北京国际信托有限公司
渤海国际信托股份有限公司
大业信托有限责任公司
东莞信托有限公司

陕西省国际信托股份有限公司
上海爱建信托有限责任公司
上海国际信托有限公司
四川信托有限公司
苏州信托有限公司
天津信托有限责任公司
万向信托有限公司
五矿国际信托有限公司

光大兴陇信托有限责任公司
广东粤财信托有限公司
国联信托股份有限公司
国民信托有限公司
国通信托有限责任公司
国投泰康信托有限公司
杭州工商信托股份有限公司
湖南省财信信托有限责任公司
华澳国际信托有限公司
华宝信托有限责任公司
华宸信托有限责任公司
华能贵诚信托有限公司
华融国际信托有限责任公司
华润深国投信托有限公司
华鑫国际信托有限公司
华信信托股份有限公司
吉林省信托有限责任公司
建信信托有限责任公司
江苏省国际信托有限责任公司
交银国际信托有限公司
昆仑信托有限责任公司
陆家嘴国际信托有限公司
平安信托有限责任公司
厦门国际信托有限公司
山东省国际信托股份有限公司
山西信托股份有限公司
西部信托有限公司
西藏信托有限公司
新华信托股份有限公司
新时代信托股份有限公司
兴业国际信托有限公司
雪松国际信托股份有限公司
英大国际信托有限责任公司
云南国际信托有限公司
长安国际信托股份有限公司
长城新盛信托有限责任公司
浙商金汇信托股份有限公司
中诚信托有限责任公司
中国对外经济贸易信托有限公司
中国金谷国际信托有限责任公司
中国民生信托有限公司
中海信托股份有限公司
中航信托股份有限公司
中建投信托股份有限公司
中粮信托有限责任公司
中融国际信托有限公司
中泰信托有限责任公司
中铁信托有限责任公司
中信信托有限责任公司
中原信托有限公司
重庆国际信托股份有限公司
紫金信托有限责任公司

3. 受益人

受益人，是指享有信托受益权的当事人。受益人可以是自然人，也可以是法人或依法成立的其他组织，甚至可以是尚未出生的人。然而，无论受益人在信托设立时是否存在，都必须能够确定，否则信托便是无效的。需要特别说明的是，在设立公益信托时，原则上要求确定的目的，并不要求确定的受益人，但要求能够根据信托目的确定相应受益人。当然，在信托实务中，也有在公益信托设立时就确定受益人的情况。

委托人可以做受益人，这类信托被称为“自益信托”，最常见的是理财型的集合资金信托。如果受益人和委托人不是同一人，或者委托人不是唯一受益人，这类信托就被称为“他益信托”，它具有财产转移的功能。

此外，受托人也可以做受益人，但不能是唯一受益人。《信托法》第四十三条规定：“受托人可以是受益人，但不得是同一信托的唯一受益人。”

虽然受益人是重要的信托当事人，但在设立信托时，并不需要受益人参与。委托人与受托人在设立信托时，无须经受益人同意，甚至无须受益人知晓，只需要委托人与受托人达成一致即可。

4.“保护人”和“监察人”

除了委托人、受托人和受益人这三个主体外，信托关系中还有一个角色，叫作“保护人”或“监察人”。但在设立信托时，“保护人”（Protector）这一角色并不是必备的。我国的《信托法》没有提到过“保护人”，甚至在诞生信托制度的英国，其信托法中也没有正式出现过“保护人”这一角色。但在信托实务中，经常会出现“保护人”的角色，用于在信托运行过程中维护受益人的权利。

2017 年，我国《慈善信托管理办法》正式施行，其中明确提出了“监察人”（Supervisor）的概念，并指出“监察人对受托人的行为进行监督，依法维护委托人和受益人的权益”。

“保护人”和“监察人”在理论上有所差异，但在信托实务中，常常并不加以区分。

需要提醒的一点是，信托当事人中的任何一方都可以不止一个人。家族信托的委托人只能是一个人，而集合资金信托就必须有多个委托人；受托人一般都只有一个，理论上多个受托人可以作为共同受托人处理同一信托事务，但事实上极少；受益人可以是一个或多个，这一点很容易理解，不再赘述。

信托客体

信托财产是信托的客体。在信托设立时，委托人将要放入信托的财产转移给受托人，并由受托人依据委托人的意愿进行管理和处分。

《信托法》第七条规定："设立信托，必须有确定的信托财产，并且该信托财产必须是委托人合法所有的财产。本法所称财产包括合法的财产权利。"接下来，我们讲解一下信托财产的特性。

1. 信托财产的确定性

委托人用于设立信托的财产必须是确定的，一般应当能够计算价值，无法估算价值的财产不得作为信托财产。信托财产可以是有形财产，比如现金、动产、不动产、银行存款和股票等，也可以是无形财产，比如著作权、专利权和商标权等，还可以是合法的财产权利，比如在保险金信托中，信托财产就是“保险金的请求权”。

2. 信托财产的合法性

委托人用于设立信托的财产，应当是委托人合法取得并占有的财产。如果委托人用贪污、盗窃、抢劫等非法手段得来的财产设立信托，则该信托无效。

3. 信托财产的独立性

信托一经设立，信托财产即与委托人未设立信托的财产和受托人的自有财产相区别，同时，信托财产也不属于受益人。信托财产的独立性是信托制度最大的魅力，我们将在下一节中详细讲解，这里不再赘述。

信托是一种以转移和管理财产为前提的制度安排，可以说，没有信托财产就没有信托。从信托的成立来看，委托人不将信托财产转移给受托人，信托便不能成立；从信托的管理来看，受托人的活动是围绕着信托财产的管理、运用、处分及信托财产的利益分配而展开的，没有信托财产，受托人的活动就无所指向。[①] 所以，

---

① 周小明．信托制度：法理与实务［M］．北京：中国法制出版社，2012：47.

信托财产在信托关系中处于核心地位。

信托行为

信托行为是指为了实现信托目的而发生的一种复合法律行为。它由三种行为构成：设立信托的意思表示行为，财产所有权的转移行为，信托登记行为。

设立信托的意思表示行为必须采用书面形式，可以是合同，也可以是遗嘱，还可以是法律、行政法规规定的其他书面文件。信托合同一般个性化较强，特别是带有事务管理功能的私人信托，它需要委托人和信托公司充分沟通协商，并以合同形式确定双方的权利和义务。委托人采用遗嘱的形式订立信托的，也需要事前和信托公司充分沟通协商，否则，信托目的会很难实现。

财产所有权的转移行为，是指在设立信托时，委托人将用于设立信托的财产的所有权，从法律上转移给受托人。其中，动产应办理交付手续，不动产应办理登记手续。

有关信托登记行为，《信托法》第十条是这样规定的："设立信托，对于信托财产，有关法律、行政法规规定应当办理登记手续的，应当依法办理信托登记。”不动产和股权便属于这类财产。如果以不动产或股权为信托财产设立信托，应当依法办理信托登记，否则信托合同无效。但在我国的信托实务中，信托财产登记制度和有权登记主体并未明确，信托财产登记在操作上仍有一定的困难，导致不动产信托和股权信托仍无法便捷地设立。[①]

信托目的

信托目的是指委托人的意愿，具体来说，就是委托人通过信托行为所要达到的目的。

信托目的决定了信托合同如何订立、信托财产如何管理以及信托利益如何分配。可以说，所有的信托活动都是为了实现信托目的而展开的。信托的存续违反信托目的、信托目的已经实现或者不能实现的，信托即终止。

---

① 2017 年 8 月 25 日，原中国银监会印发了《信托登记管理办法》，主要是为规范集合资金信托计划的登记，仍未明确信托财产的登记管理办法。

在原则上，信托目的采取意思自治原则，法律允许委托人为各种各样的目的设立信托，比如企业经营股权激励、家族财富的保障和传承、家庭成员的生活保障、第三代培养计划、退休养老计划、公益慈善事业等。但是,《信托法》第六条明确规定：“设立信托，必须有合法的信托目的。”因此，所有的信托目的都应该是合法的，并且不能违背公序良俗。

信托的秘密之信托财产的独立性

我们经常听人说信托有种种神奇的功能，其中的核心功能之一，就是资产隔离。信托之所以具备这一功能，最根本的秘密就在于：信托财产具有独立性。

信托一旦设立并生效，委托人便需要将信托财产的所有权转移给受托人，此时，受托人成为信托财产的所有人。然而，受托人只能管理信托财产，并将信托收益分配给受益人。受益人享有一定条件下的信托收益请求权，本身并不拥有信托财产，也无法处分信托财产。这便是信托财产的独立性。

信托和其他金融法律工具的最大区别，就是信托财产的独立性，这也是信托资产隔离功能的基础。接下来，我们就从五个方面分析信托财产的独立性。

信托财产独立于委托人未设立信托的财产

《信托法》第十五条规定："信托财产与委托人未设立信托的其他财产相区别。"因此，在信托设立后，设立信托的财产从委托人的其他财产中分离出来，委托人对信托财产不再享有所有权，也不能处分信托财产。

同时，当委托人并不是信托的唯一受益人时，信托财产不属于委托人的偿债财产，也不属于委托人的遗产或清算财产。根据《信托法》第十七条的规定，除非"设立信托前债权人已对该信托财产享有优先受偿的权利"，否则，委托人的债权人不得要求法院强制执行信托财产。

信托财产独立于受托人的固有财产

《信托法》第十六条规定："信托财产与属于受托人所有的财产（以下简称固有财产）相区别，不得归入受托人的固有财产或者成为固有财产的一部分。"因此，在信托设立后，虽然受托人拥有信托财产的所有权，但信托财产独立于受托人的固有财产。

信托财产不仅独立于受托人的固有财产，也独立于受托人的债务。根据《信托法》第十七条的规定，除了“受托人处理信托事务所产生债务”、“信托财产本身应担负的税款”，以及“法律规定的其他情形”外，受托人不得用信托财产偿还自身债务。《信托法》第十六条规定：“受托人死亡或者依法解散、被依法撤销、被宣告破产而终止，信托财产不属于其遗产或者清算财产。”

为了保证信托财产独立于受托人的固有财产，保障受益人和委托人的利益，《信托法》第二十九条还规定：“受托人必须将信托财产与其固有财产分别管理、分别记账。”

信托财产独立于同一受托人不同委托人的财产

同一个受托人会有多个委托人，这意味着，一个受托人可以拥有多个信托财产。那么，受托人应该如何保证不同委托人信托财产的独立性呢？

根据《信托法》第二十九条的规定，受托人必须“将不同委托人的信托财产分别管理、分别记账”。这样的规定，从实际操作层面保证了不同委托人的信托财产不会混同，进而保障了委托人和受益人的利益。

信托财产独立于受益人的财产

在信托设立后，受托人拥有信托财产的所有权，受益人拥有的只是信托受益权，因此，信托财产也独立于受益人的固有财产。受益人的信托受益权由委托人指定，并按信托合同的约定行使。这意味着，受益人的债权人不能直接针对信托财产行使清偿权。

但是，当信托财产分配给受益人之后，就变成了受益人的个人财产，与受益人的其他固有财产没有区别。

信托财产损益的独立性

信托财产产生的收益归入信托财产，同时，因为管理、处分信托财产而发生的债务和损失，也应该由信托财产承担。《信托法》第三十七条规定："受托人因处理信托事务所支出的费用、对第三人所负债务，以信托财产承担。"

信托财产的独立性

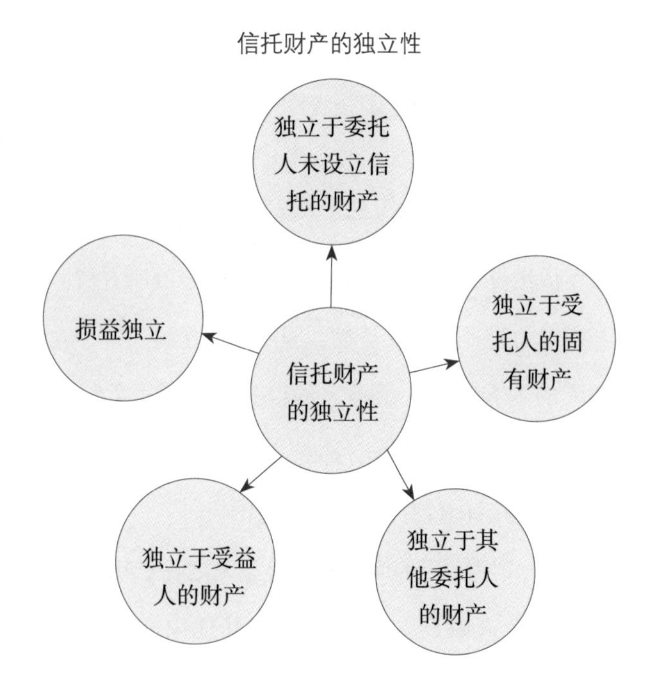

信托财产的独立性是由《信托法》赋予的，有着坚实的法律基础。此外，在 2019 年 11 月 14 日，最高人民法院发布的《全国法院民商事审判工作会议纪要》（因为此次工作会议为第九次，本纪要又被称为《九民纪要》）中，再次从司法实践上强调了信托财产的独立性，也为此类案件的处理提供了参考。

法条链接

2019年《全国法院民商事审判工作会议纪要》第95条

95.【信托财产的诉讼保全】信托财产在信托存续期间独立于委托人、受托人、受益人各自的固有财产。委托人将其财产委托给受托人进行管理，在信托依法设立后，该信托财产即独立于委托人未设立信托的其他固有财产。受托人因承诺信托而取得的信托财产，以及通过对信托财产的管理、运用、处分等方式取得的财产，均独立于受托人的固有财产。受益人对信托财产享有的权利表现为信托受益权，信托财产并非受益人的责任财产。因此，当事人因其与委托人、受托人或者受益人之间的纠纷申请对存管银行或者信托公司专门账户中的信托资金采取保全措施的，除符合《信托法》第17条规定的情形外，人民法院不应当准许。已经采取保全措施的，存管银行或者信托公司能够提供证据证明该账户为信托账户的，应当立即解除保全措施。对信托公司管理的其他信托财产的保全，也应当根据前述规则办理。

当事人申请对受益人的受益权采取保全措施的，人民法院应当根据《信托法》第 47 条的规定进行审查，决定是否采取保全措施。决定采取保全措施的，应当将保全裁定送达受托人和受益人。

信托的秘密之信托财产不得强制执行

上一节我们说到了信托财产的独立性，它是构成信托资产隔离功能的基础。除此之外，信托的另一个特点——信托财产不得强制执行，给信托的这一功能提供了强大的保障。

我们都知道，当被执行人不履行生效法律文书确定的义务时，权利人可作为执行申请人，申请法院对被执行人的财产进行强制执行。《中华人民共和国民事诉讼法》第二百四十四条规定："被执行人未按执行通知履行法律文书确定的义务，人民法院有权查封、扣押、冻结、拍卖、变卖被执行人应当履行义务部分的财产。"通俗点说就是，如果张三欠了李四的钱没有还，李四可以申请让法院强制执行张三的财产，用于偿还张三对自己的债务。

但是，对信托财产而言，除《信托法》第十七条明确规定的情形外，不得对信托财产强制执行。

法律基础

《信托法》中信托财产不得强制执行的原则，是基于信托财产的独立性确立的，目的是为了强化对信托财产的保护。

信托财产是基于信托目的而独立存在的财产。虽然信托财产来源于委托人，由受托人占有、管理，由受益人享受收益，但在信托成立生效后，它便独立于委托人、受托人和受益人的固有财产。因此，除非法律另有规定，委托人、受托人和受益人的债权人均不得申请对信托财产强制执行。

除外情形

《信托法》第十七条规定了四种允许对信托财产强制执行的情形。也就是说，除了这四种情形，信托财产均不得被强制执行。下面我们就来看看这四种除外情形。

1. 设立信托前债权人已对该信托财产享有优先受偿的权利，并依法行使该权利的

在设立信托前，拟设立信托的财产的所有权归委托人所有。如果此时债权人对该财产享有权利，委托人却利用设立信托的方式转移该财产的话，就损害了善意第三人的利益。也就是说，此时的委托人没有权利将该财产设立信托。如果委托人对受托人隐瞒这一情况并设立信托，债权人可以要求对信托财产强制执行。

2. 受托人处理信托事务所产生债务，债权人要求清偿该债务的

根据《信托法》第三十七条规定："受托人因处理信托事务所支出的费用、对第三人所负债务，以信托财产承担。"如果受托人不清偿相关债务，债权人有权申请对信托财产强制执行。

3. 信托财产本身应担负的税款

受托人管理、处分信托财产时，可能会依法产生纳税义务，如交易过程中的契税、印花税，等等。这些税款应当由信托财产承担。

4. 法律规定的其他情形

这是一条兜底条款，当按有关法律法规的规定，可以对信托财产强制执行时，应按照有关法律法规执行。

法条链接

《信托法》第十七条

除因下列情形之一外，对信托财产不得强制执行：

（一）设立信托前债权人已对该信托财产享有优先受偿的权利，并依法行使该权利的；

（二）受托人处理信托事务所产生债务，债权人要求清偿该债务的；

（三）信托财产本身应担负的税款；

（四）法律规定的其他情形。

对于违反前款规定而强制执行信托财产，委托人、受托人或者受益人有权向人民法院提出异议。

五花八门的信托可以怎么分

信托并不是一个标准化的金融产品，“信托计划”或“信托产品”也不是十分规范的概念。这些概念在我国被广泛使用，主要原因是，自新中国成立第一家信托公司以来，信托总是和金融产品联系在一起的，并以投融资功能为主，发挥着资金融通、资产管理和财富管理的功能。

由于信托公司是唯一能够跨越资本市场、货币市场和实业投资领域的非银行金融机构，[①] 运作机制灵活，投资范围广泛，长期以来，很多人把信托仅仅当成“受人之托，代人理财”的财富管理机构或投资理财渠道。一

---

① 王巍．金融信托投融资实务与案例［M］．北京：经济管理出版社，2013：12.

般人常说的“购买”信托，就是把信托当成了一种理财工具。

通过前面的内容我们已经了解到，信托并不仅仅是一种金融产品，而是一种涵盖面广、内容复杂的体系。因此，根据不同的标准，信托产品有很多种分类。下面这张信托产品分类表，可以方便大家学习参考。但要特别说明的是，对于信托产品的分类，信托业并没有统一的标准，在信托理论研究中，也同样没有规范的信托业务品种分类及标准名称。

信托产品的分类

划分标准	分类	含义
受托人是否以营业或营利为目的	民事信托	受托人接受信托并不是以营业或营利为目的的信托，是民事信托
	商事信托	受托人接受信托是以营业或营利为目的的信托，是商事信托，又称商业信托。在我国，商事信托只能由信托公司经营。信托公司是正规的持牌金融机构，受中国银保监会的严格监管

续表1

划分标准	分类	含义
委托人的数量	单一信托	委托人只有一个的信托，是单一信托，比如家族信托、保险金信托
	集合信托	有多个委托人的信托，是集合信托。集合资金信托就是一种典型的集合信托，我们常说的“买信托”，针对的往往就是这类信托
委托人是否为法人	个人信托	委托人为自然人（个人）的信托，是个人信托，也称私人信托，比如家族信托。个人信托包括生前信托和身后信托
	法人信托	委托人为法人的信托，是法人信托，又称机构信托、公司信托、团体信托
	个人和法人混合信托	委托人既有自然人，也有法人的信托，是个人和法人混合信托。很多公益信托就属于这一类
信托收益是否归属于委托人	自益信托	信托收益归属于委托人本人的信托，是自益信托。根据《信托公司集合资金信托计划管理办法》第五条的规定，在信托公司设立集合资金信托计划时，“参与信托计划的委托人为唯一受益人”。因此，我国最常见的集合资金信托为自益信托
	他益信托	信托收益归属于委托人之外的第三人的信托，是他益信托。家族信托大多属于他益信托

续表2

划分标准	分类	含义
信托财产的性质	资金信托	以货币形态的资金为信托财产的信托，是资金信托，又称金钱信托
	动产信托	以各种动产为信托财产的信托，是动产信托。比如以机器设备、古董字画等作为信托财产
	不动产信托	以房屋、土地等不动产为信托财产的信托，是不动产信托
	财产权信托	以财产权为信托财产的信托，是财产权信托。财产权可以是股权、债权、专利权、著作权、受益权等。保险金信托是财产权信托
信托公司管理模式	通道类信托	受托人仅依照委托人指令开展业务，不承担主动管理职责，只起通道作用的信托，是通道类信托。在此类信托中，委托人实质性承担相关风险
	被动管理型信托	受托人不承担积极管理职责，主要依据委托人或其指定的人的指示管理、运用、处分信托财产的信托，是被动管理型信托
	主动管理型信托	受托人对信托财产承担积极管理职责，对信托财产有较大的自由裁量权的信托，是主动管理型信托

续表3

划分标准	分类	含义
受益对象	私益信托	为了特定受益人的利益而设立的信托，是私益信托。所谓“特定受益人”，是指与委托人有经济利害关系的受益人。比如雇员受益信托，受益人是委托人的雇员，相互间有经济利益关系，这类信托就属于私益信托
	公益信托	为了公共利益的目的，发展社会公益事业而设立的信托，是公益信托。公益信托比慈善信托涵盖的范围更广。我国《信托法》第六章有对公益信托的专门规定
投资收益的确定程度	固定收益类信托	收益率和收益期限固定的信托，是固定收益类信托
	浮动收益类信托	收益率和收益期限都浮动的信托，是浮动收益类信托
	固定+浮动收益类信托	既包括固定收益率，又包括浮动收益率的信托，是固定+浮动收益类信托
信托资金运用方式	贷款类信托	将信托资金用于向融资企业发放贷款的信托，是贷款类信托
	股权投资类信托	将信托资金用于对项目进行股权投资的信托，是股权投资类信托

需要注意的是，信托的这些分类是相互交叉的。比如，本书重点介绍的保险金信托，就同时属于单一信托、个人信托、他益信托、财产权信托。

小问题

如何向客户讲明白信托的种类？

两大类

简单来说，目前我国主流的信托有两大类：集合资金信托和家族信托。本书重点论述的保险金信托，可以看成简化版的家族信托。

集合资金信托

其运作模式是“募、投、管、退”。具体来说就是，信托公司募集多位委托人（投资人）的资金，集合在一起投向某个融资项目，项目经过管理运作回款后，按合同约定向委托人分配本金和收益，实现项目退出。集合资金信托的委托人和受益人必须是同一人，因此是自益信托，不具有资产隔离功能，可以把它看成是一种理财产品。

家族信托

主要功能是家族财富的保护、传承和管理。家族信托的委托人只能是一个人，受益人一般为委托人的家庭成员。因此，家族信托一般属于个人信托、单一信托、他益信托。

信托与人寿保险

长期以来，我国信托的主要功能，对企业来说是融资，对一般投资人来说是理财，对行业来说是金融产品。在 2013 年国内第一单家族信托设立之前，信托最重要的功能——财产保护和传承—— 一直是缺失的。可以说，在一定程度上，是人寿保险承担着信托的财产保护和传承功能。接下来，我们就详细比较一下信托和人寿保险，以便大家更好地理解信托。

信托与人寿保险的功能

人寿保险是投保人以被保险人的寿命（生命）为标的进行投保，并且交纳保险费，当被保险人去世时，保险费经过保险的杠杆作用后，交付给被保险人指定的受益人，以实现财产的无争议转移。在这一点上，人寿保险实现的是信托的财富传承功能。

另外，一些保险公司对于大额的终身寿险还提供了“保险金延期领取服务”。也就是说，在被保险人身故后，保险金可以留在保险公司，由保险公司帮助受益人继续管理，并按投保人和被保险人约定的事项，在条件达到时给到受益人，如约定给付受益人生活费用、教育金、婚嫁金等。这样做可以防止受益人在一次性获得大额现金后，由于缺乏管理能力造成损失或进行挥霍的风险。这也正是信托的一个重要功能。

信托与人寿保险的主体

人寿保险的主体包括投保人、被保险人、受益人和保险人，而信托的主体则包括委托人、受托人和受益人。将两者进行比较，我们会发现这些主体是很相似的。

信托与人寿保险主体比较

		保险利益		
保险	投保人	被保险人	受益人	保险人
信托	委托人	信托财产	受益人	受托人

因为人寿保险的投保人和受益人可以是不同的人，信托的委托人和受益人也可以是不同的人，所以，这两种金融工具都可以实现财产在所有人的控制下附条件地跨期转移，实现财产所有权、控制权和受益权的分离、平衡和统一。

人寿保险和信托都是用现在的财富安排受益人未来的生活。人寿保险，特别是死亡保险（终身寿险），在被保险人活着的时候，经过时间的积累，保单现金价值可以为投保人自己所用，在被保险人身故之后，可以定向传承给指定受益人一大笔没有争议的身故保险金。而信托，可以约定受益人每一笔钱的用途，对于财富的安排更加灵活，甚至可以对财富进行多代传承的安排。

小问题

如何向客户讲明白人身保险的种类？

三大类

通俗地说，人身保险可以分为三大类：基础保障类、人生规划类和投资理财类。

基础保障类

以意外险、健康险（医疗险和重疾险）、定期寿险为主，主要功能是在被保险人出现意外或健康问题时，给予经济上的补偿。

人生规划类

以终身寿险、年金保险为主，主要是为子女教育、自己养老等准备资金，做婚姻专属财产规划，以及实现财富的传承等。

投资理财类

以万能险、投连险、部分分红险为主，这类产品投资理财属性较强，可以让我们“得到更多”，但保障功能较弱，可以看作中长期的“理财产品”。

原则

买保险的一般原则：先保障，后规划，再理财。

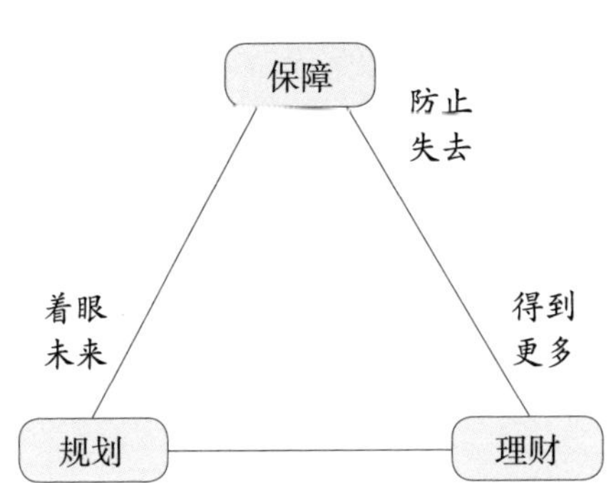

信托与人寿保险的结合

信托与人寿保险的结合，自 2014 年在国内首次出现以来，逐渐成为比较流行的财富管理和传承方式。有的做法是先购买人寿保险，约定未来的保险金进入信托；有的是先设立信托，约定用信托财产购买人寿保险。这些做法都是将人寿保险与信托结合起来，实现一定的财富管理和传承目的，被称为“保险金信托”（或者“人寿保险信托”）。

保险金信托能够规避单一的信托或人寿保险在财富管理和传承方面的不足，实现“一加一大于二”的效果。在本书的第 5 章，我们会详细分析保险金信托这一金融工具。在此之前，我们先来了解一下集合资金信托和家族信托。

小问题

为什么人寿保险和家族信托具有财富保护和传承功能？

常见金融工具为什么不行？

储蓄、基金、股票、银行理财、集合资金信托等常见的金融工具和金融产品，都是“自益”型的，简单地说就是“原卡出，原卡进”，购买产品付钱的卡跟产品回款收钱的卡是同一张卡，资金的所有权、控制权、受益权都没有转移，不具备资产隔离功能，更谈不上传承。

人寿保险和家族信托为什么行？

通过特殊的架构设计，在约定的时间或条件实现时，这两种工具都能把投保人（委托人）的钱变成受益人的钱，实现财富传承。保单一般因为较为隐蔽以及特殊可变架构等原因而很难被强制执行，信托财产具有独立性，所以人寿保险和家族信托都具有较好的资产隔离功能。

03

集合资金信托计划

人们平常说的“买信托”，指的就是投资集合资金信托计划。与家族信托不同，集合资金信托计划的委托人和受益人必须是同一个人。作为一种理财产品，集合资金信托计划的风险较大，主要包括信用风险、管理风险、市场风险、法律和政策风险等。

在前面我们已经讲过，只有一个委托人的信托是单一信托，有两个或两个以上委托人的信托是集合信托。集合信托中最常见的类型，就是集合资金信托计划。

对于一般投资人来说，可以将其理解为一种投资理财的金融产品。我们经常说的“买信托”，无论是在银行买的，还是在信托公司买的，都是“集合资金信托计划”这种理财类型的金融产品。

在我国，集合资金信托计划是信托公司经营的主要信托业务。截至 2019 年年底，我国集合资金信托规模达到 9.92 万亿元，占比高达 45.93%，是信托业务的重要资金来源。

因此，在详细介绍保险金信托之前，有必要简单了解一下集合资金信托计划。

交易结构和流程

集合资金信托计划，是指信托公司作为受托人，接受两个或两个以上委托人的委托，依据委托人确定的管理方式或由信托公司代为确定的管理方式，管理和运作信托资金的行为。了解了集合资金信托计划的定义，我们来看一下它的基本交易结构图。

集合资金信托计划交易结构图

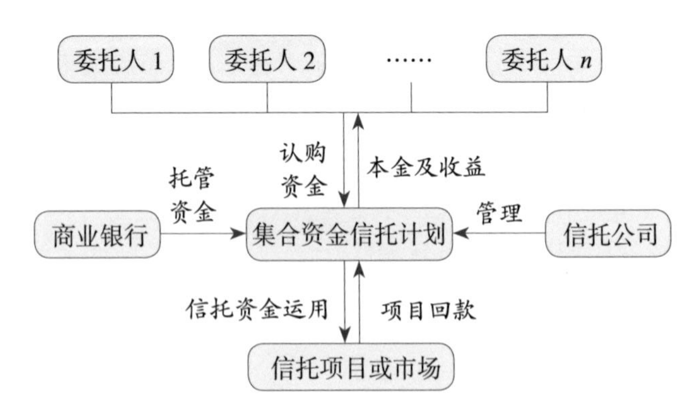

从上图我们可以看出，整个集合资金信托计划的交易流程是这样的：首先，若干个投资人将投资金额转入集合资金信托计划的募集账户中；然后，信托公司将信托资金投入对应项目或市场进行运作；最后，当项目回款回到信托账户后，信托公司再将其分配到原来的投资人账户上。

在整个集合资金信托计划的交易流程中，从投资到回款的资金流向是“原卡出，原卡进”，这就意味着，委托人和受益人必须是同一人。因此，对于委托人来说，集合资金信托计划不具备财富保护和传承的功能。

合格投资者

集合资金信托计划的投资人既可以是自然人，也可以是法人，还可以是集合资金信托计划、资产管理计划、有限合伙基金、契约型基金，等等。可是，这并不意味着随便谁都可以投资集合资金信托计划，要投资集合资金信托计划，需要符合“合格投资者”的要求。那么，关于集合资金信托计划的合格投资者，法律上是怎样规定的呢?

自 2007 年开始施行的《信托公司集合资金信托计划管理办法》第六条规定：

合格投资者，是指符合下列条件之一，能够识别、判断和承担信托计划相应风险的人：

（一）投资一个信托计划的最低金额不少于 100 万

元人民币的自然人、法人或者依法成立的其他组织；

（二）个人或家庭金融资产总计在其认购时超过100万元人民币，且能提供相关财产证明的自然人；

（三）个人收入在最近3年内每年收入超过20万元人民币或者夫妻双方合计收入在最近3年内每年收入超过30万元人民币，且能提供相关收入证明的自然人。

也就是说，只要满足以上三个条件中任意一个的投资人，即是集合资金信托计划的“合格投资者”。集合资金信托计划不能向非合格投资者销售。

需要注意的是，在信托实务中，信托公司一般以100万元作为集合资金信托计划投资的起点。如果某个投资人只能拿出50万元来投资某个集合资金信托计划，但在认购信托时，能证明银行有其他类型金融资产100万元，那么该投资人是不是“合格投资者”呢？答案是肯定的，但须提供在其认购时金融资产超过100万元的证明。然而在实际中，为了简化操作，一般信托公司就直接认定投资金额为100万元或以上的投资者为“合格投资者”。

2018年4月27日，中国人民银行、中国银保监会等四大部委联合发布了“资管新规”。其中关于对合格投资者要求的规定，大大提高了投资者的进入门槛。

资产管理产品的投资者分为不特定社会公众和合格投资者两大类。合格投资者是指具备相应风险识别能力和风险承担能力，投资于单只资产管理产品不低于一定金额且符合下列条件的自然人和法人或者其他组织。

（一）具有2年以上投资经历，且满足以下条件之一：家庭金融净资产不低于300万元，家庭金融资产不低于500万元，或者近3年本人年均收入不低于40万元。

（二）最近1年末净资产不低于1000万元的法人单位。

（三）金融管理部门视为合格投资者的其他情形。

合格投资者投资于单只固定收益类产品的金额不低于30万元，投资于单只混合类产品的金额不低于40万元，投资于单只权益类产品、单只商品及金融衍生品类产品的金额不低于100万元。

投资者不得使用贷款、发行债券等筹集的非自有资金投资资产管理产品。

“资管新规”实施以后，对于个人作为合格投资者的认定，虽然是三个条件只要满足一个即可，但考虑到实务中的可操作性，往往仍会简单地将资产管理产品个人投资门槛提至300万元，以代替投资者提供“家庭金融净资产”，或“家庭金融资产”，或“近3年本人年均收入”证明。

集合投资信托计划的投资风险

风险是一种客观存在，不以人的意志为转移，因此，完全消除风险是不可能的，投资任何金融产品都会存在风险。这也就是我们经常挂在嘴边的“投资有风险，入市需谨慎”。投资金融产品的风险，主要是指未来收益的不确定性。

任何金融产品甚至所有商业活动都存在风险，只是不同的金融产品风险程度不同。有些金融产品的投资风险较高，比如股票、期货投资；有些则相对较低，比如国债。在我国，银行国债和银行储蓄一般被认为是“无风险利率”的金融投资产品。所谓“无风险利率”，指的是没有信用风险、不会发生违约的利率。在金融市场上，除了短期国债和银行储蓄外，其他金融投资产品均具有不同程度的风险。

然而，不同的风险也会带来不同的收益。收益和风险是形影相随的，收益以风险为代价，风险用收益来补偿。超过市场平均收益部分的收益被称为风险资产的超额收益，高于无风险收益的那部分就是风险溢价，它是承担风险获得的收益补偿。

对于集合资金信托计划来说，主要风险有信用风险、管理风险、市场风险、法律和政策风险、财务风险、道德风险和声誉风险等。对投资者来说，需要关注的主要是这几种风险：

第一，信托财产本金损失的风险；第二，信托本金没有损失，但没有获得信托收益或者收益低于预期；第三，信托本金和收益均没有损失，但兑付时间晚于预期，投资者可能会错过其他投资机会；第四，信托计划提前兑付本息，暂时没有合适的投资方向可以对接提前到期的资金，投资者要承担资金闲置的风险。

04

家族信托

家族信托不是标准化的金融产品，而是一个法律架构。与一般信托相比，家族信托具有资产隔离、财富传承、财富管理、隐私保护等优势。随着越来越多高净值人士财富传承需求的增长，家族信托也成为人们实现财富个性化安排的金融工具。

在上一章，我们简单介绍了信托公司最常见的信托业务——集合资金信托计划，这也是大多数人熟悉的信托类型。

近几年，家族信托也逐渐被越来越多的人认识和运用。保险金信托是家族信托和人寿保险的结合，其法律架构和家族信托相似，管理模式基本相同。某种程度上可以说，保险金信托就是简化版的家族信托。因此，在介绍保险金信托之前，大家有必要掌握家族信托的相关知识。接下来，我们就系统地讲一讲家族信托。

家族信托是什么

在2019年热播的电视剧《精英律师》中，一个家族企业的老板身患绝症，需要安排身后财富的传承，律师蓝红（王鸥饰演）给客户的建议就是设立家族信托。通过设立家族信托，可以保证在老板去世后，依旧能制约其遗孀，并避免女儿突然拿到大笔钱财后被骗或挥霍的风险。那么，到底什么是家族信托呢？

家族信托是指信托公司接受单一个人或者家庭的委托，以家庭财富的保护、传承和管理为主要信托目的，提供财产规划、风险隔离、资产配置、子女教育、家族治理、公益（慈善）事业等定制化事务管理和金融服务的信托业务。家族信托财产金额或价值不低于1000万元，受益人应包括委托人在内的家庭成员，但委托人不得为惟一受益人。单纯以追求信托财产保值增值为主要信托目的，具有专户理财性质和资产管理属性的信托业务不属于家族信托。

以上是中国银保监会在 2018 年 8 月 17 日下发的《关于加强规范资产管理业务过渡期内信托监管工作的通知》（信托函〔2018〕37 号）中关于“家族信托”的说法。这也是官方文本中第一次出现“家族信托”的明确定义。

这个定义揭示了家族信托在信托目的和信托业务内容上的特点。很明显，这些特点都指向财富管理这一维度。相对于集合资金信托，家族信托的理财功能较弱，更强调财富的保护、传承和管理。而且，家族信托的业务内容除了金融服务，还包括子女教育等事务管理服务。

因为家族信托具有更偏重财富管理及家族事务管理的特性，就决定了家族信托必然与有关继承、婚姻的相关法律法规有更多联系。集合资金信托的投资人无须关注诸多的法律法规，可以简单地把集合资金信托当成一款理财产品。而落地一单家族信托，就远不是这么简单了，需要更多地关注家族信托主体之间、主体与客体之间，乃至各主体与外部第三人之间的法律关系。所以，家族信托有更强的法律属性。

在这个对家族信托的官方定义中，有一个很容易被人忽略的关键词，那就是“定制化”。它揭示了家族信托的另一个重要特点：根据委托人设立信托的目的的不同，每一单家族信托都需要定制化设计，而不同于集合资金信托，大都是模块化的。

不过，家族信托跟集合资金信托也有相同点，那就是都有入门门槛。在前面，我们已经了解了集合资金信托计划的合格投资者限制；而在前面所引关于“家族信托”的官方定义中，明确限定了“家族信托财产金额或价值不低于1000万元”，对于很多中产家庭来说，这个门槛不可谓不高。也正是因为有这个限制存在，才催生了“保险金信托”这一保险与信托相结合的事物。关于保险金信托的内容，我们在下一章中会详细介绍。

家族信托的设立流程

上一节我们说了，家族信托并不是标准化的金融产品，而是一个法律架构，是家族（家庭）财富管理的系统化解决方案。客户无法直接从私人银行或者信托公司“买”到家族信托，而需要与专业人士详细讨论，提出需求和设想，定制合适的信托方案。

在设立家族信托的过程中，需要银行、信托、法律、会计、家族事务等诸多领域的专家共同参与，根据不同客户的不同需求提供个性化方案和服务。一般情况下，设立家族信托有以下六个步骤。

一、初步沟通，了解需求

在客户提出设立家族信托的想法后，信托经理需要与客户进行初步的沟通，了解客户的基本需求，并判断这些需求能否通过家族信托来实现。如果客户对家族信托的了解不多，信托经理还需要向客户介绍家族信托的基础知识。

二、梳理财产，尽职调查

在了解客户的基本需求，并确认可以用家族信托方案来实现后，信托公司需要对客户的各类财产进行梳理，并分析可能存在的风险及解决方案。

同时，信托公司需要进行尽职调查，并将尽职调查材料清单给到客户，要求其提供相关材料。调查内容包括委托人基本信息、家庭成员基本信息、反洗钱调查、资金来源证明、资金完税（免税）证明等。

三、需求细化，草拟方案

之后，信托公司需要将客户的需求进一步细化，比如初始信托财产的金额是多少、后续是否准备追加、受益人是谁、如何安排分配条款、如何安排信托受益权流转、是否设置监察人等。

经验丰富的信托公司会根据以往服务客户的经验，

将常见的信托财产投资方案和分配条款模块化，制定出《家族信托意向书》，并由客户勾选模块。如果客户有特殊的需求，信托公司会再补充定制条款。这样可以大大节约细化客户需求的时间。

根据客户填写的《家族信托意向书》，信托经理就可以设计信托合同的框架草稿，并向客户提示可能产生的费用。有些信托公司为拓展市场、吸引客户，只要不涉及复杂的定制条款，可以免去家族信托的设立费。

四、复杂条款，税务筹划

如果家族信托架构涉及较复杂的安排，比如委托人和受益人有跨境身份、有特殊定制条款，信托公司还需要进行税务筹划。家族信托的法律筹划和税务筹划需要同步进行。税务师和律师针对不同家族信托的法律架构，出具不同的税务筹划方案和法律意见书，以供客户选择，由此产生的相关的律师和税务师的咨询费用，一般由客户本人承担。

五、后台准备，监管预登记

在签订信托合同之前，信托公司需要提前帮客户在银行开设托管账户，并向中国信托登记有限责任公司（以下简称中国信登）报备，进行预登记。

六、合同签约，资金划转

在双方确认正式合同文本后，已婚的委托人需要夫妻双方共同进行双录（录音和录像）签约，如果有监察人，也需要监察人到场签约。签约的文件除了信托合同外，还会有《个人税收居民身份声明文件》《配偶知情书》《风险声明书》等一系列相关文件。签约之后，委托人需要完成资金划转交付，接着，信托公司向中国信登进行信托初始登记工作，信托设立完成。

如果信托公司给出的信托合同框架能够满足客户的需求，那么，从客户确认需求并提交尽职调查材料起，最快不到一个月，信托便可以设立。如果客户做了个性化的安排，信托合同涉及复杂的条款，信托设立的时间长短就不一定了。有些信托的设立可能需要半年，有些甚至需要一到两年，这和信托合同条款的复杂程度有关，也和信托公司的效率有关。

家族信托五大基础功能

在财富管理业界，家族信托向来以功能强大而为业内人士所称道。很多高净值家族选择使用家族信托进行家族财富的传承和管理，就是基于它有着诸多特殊而强大的功能。不同的人可以从不同的角度总结家族信托的优势，有的甚至能罗列出几十条。

在这里，我们着重介绍家族信托的五大基础功能。从这五项基础功能出发，可以根据具体情况的不同，衍生出更多“玩法”。所谓“万变不离其宗”，要想掌握家族信托花样繁多的功能优势，首先要吃透我们下面要讲的五大基础功能。

一、有效的资产隔离

什么是资产隔离呢？资产隔离，指的是通过综合运用法律和金融工具，有效梳理和重新布局自己拥有或者控制的资产，以确保资产的权属清晰，在面临风险时不会发生大额减损的一种财富管理方法。

资产隔离的目的，是防范资产大额减损的风险。资产最常面临的风险有两种：一是债务风险，二是婚姻财产分割风险。其中，债务风险可能是因为个人的大额债务，也可能是因为个人承担企业债务的连带责任产生的。

1. 债务风险隔离

在防范资产的债务风险方面，家族信托具有不可替代的作用。《信托法》赋予了信托财产的独立性，这是信托实现债务风险隔离的坚实基础。信托财产的独立性，具体是指“信托财产与委托人未设立信托的财产相隔离”“信托财产与受托人的其他财产相隔离”“信托财产与受益人的财产相隔离”。该内容已在本书第 2 章中介绍过了，这里不再赘述。

只要委托人本着合法的目的，以其合法财产设立了家族信托，信托财产便脱离委托人而成为独立的财产。此后，不论委托人受到何种处罚，均不应当涉及信托财产，信托关系也应当继续存立。这是信托财产与委托人其他财产的隔离，也是信托财产独立性的体现。

但是，如果信托的委托人也是受益人，其从信托获得的财产便是委托人的个人财产，那委托人就有可能需要用这笔财产去偿还债务。[①] 因此，如果委托人特别看重家族信托的资产隔离功能，那么不建议将自己作为信托的受益人。

2. 婚姻财产分割风险隔离

婚姻关系的变化必然会带来财产权性质的变化。《中华人民共和国婚姻法》（以下简称《婚姻法》）规定，夫妻在婚姻关系存续期间所取得的工资、奖金、生产和经营的收益、知识产权的收益、继承或赠与所得的财产归夫妻共同所有，夫妻对共同所有的财产，有平等的处理权。2021 年 1 月 1 日起施行的《中华人民共和国民法典》（以下简称《民法典》）对这部分内容进行了微调，但夫妻共同财产归夫妻共同所有的基本原则没有变化。

---

① 潘修平，侯太领等．中国家族信托原理与实务［M］．北京：知识产权出版社，2017：223.

法条链接

《婚姻法》第十七条

夫妻在婚姻关系存续期间所得的下列财产，归夫妻共同所有：

（一）工资、奖金；

（二）生产、经营的收益；

（三）知识产权的收益；

（四）继承或赠与所得的财产，但本法第十八条第三项规定的除外；

（五）其他应当归共同所有的财产。

夫妻对共同所有的财产，有平等的处理权。

《民法典》第1062条

夫妻在婚姻关系存续期间所得的下列财产，为夫妻的共同财产，归夫妻共同所有：

（一）工资、奖金、劳务报酬；

（二）生产、经营、投资的收益；

（三）知识产权的收益；

（四）继承或者受赠的财产，但是本法第一千零六十三条第三项规定的除外；

（五）其他应当归共同所有的财产。

夫妻对共同财产，有平等的处理权。

关于婚姻财产的处理，总的原则是“约定大于法定”，有约定从约定，无约定从法定。因此，隔离婚姻财产分割风险最简单的方法是，用夫妻财产协议约定双方婚前财产和婚内个人财产。虽然夫妻财产协议简单实用，但由于文化和感情的原因，现实中的夫妻大都不会签订，这使得夫妻财产协议没有实际的可操作性。

但是，父母在子女婚前为其设立家族信托可以很好地解决这个问题。因为家族信托可以在合同中约定“信托财产的收益为子女个人所有，与其配偶无关”。婚后对子女的赠与也可以装入这个信托中，以实现子女婚姻财产分割风险的隔离。

除了《信托法》第十七条明确规定的几种情形外，

信托财产不能被强制执行。因此，当委托人出现离婚、公司破产等情形时，提前设立的家族信托可以很好地隔离信托财产，避免这部分财产被无限卷入，进而实现资产隔离。

二、灵活的财富传承

高净值人士对财富的有序传承具有较高的要求，包括多受益人的个性化安排、家庭成员的照顾、防止子女挥霍，等等。信托在诞生之初，就是为了解决财产的转移、继承等问题，因此在财富传承方面，信托有着其他传承工具无可比拟的优势。可以说，家族信托是个人及家庭财富管理和传承的高级形式。

家族信托是采用合同条款的形式来安排财富传承的。这种法律安排可以帮助委托人按自己的意愿来规划财富的传承，避开烦琐复杂的法定继承或遗嘱继承程序，让指定的受益人尽快地、不受争议地继承应得的财产。

下面我们来具体看一下家族信托在财富传承上的优势。

1. 受益人范围更广

理论上来说，只要委托人和受托人同意，任何人都可以作为家庭信托的受益人。但在信托实务中，因为信托公司合规的要求，受益人应当和委托人具有亲属关系，否则可能存在利益输送、转移财产、洗钱等法律风险。

保险的受益人范围相对较窄，一般只能是被保险人的配偶、父母和子女，而家族信托的受益人不仅可以是委托人的血亲、姻亲，也可以是其他近亲属或远亲属，甚至还可以是家族中未出生的人。由此可见，家族信托的受益人范围是非常广泛的。

2. 照顾家庭成员

照顾家庭（家族）成员，是设立家族信托最常见的目的。通过设立家族信托，委托人可以用一笔专款（信托财产）来保障家庭成员更好地生活，比如未成年子女的成长、老人的养老、残疾家人的日常生活、家庭成员的重大疾病医疗费用开支等。

同时，家族信托在管理上还具有连续性。只要信托财产还在，信托目的还能实现，即使委托人去世，该信托也会持续存在，信托公司会继续执行委托人的意愿，直到信托目的已经实现、不能实现或合同约定的信托终止情形发生为止。因此，家族信托可谓是“来自天堂的爱”。

3. 定时定事分配

在设立家族信托时，委托人可以在合同条款中约定，按时间向受益人分配信托财产和收益。比如，受益人在 18 周岁之前，每年仅能享受较低标准的基本生活费；受益人在 18 周岁至 30 周岁期间，每年可领取更多的生活费。

在设立家族信托时，委托人也可以在合同条款中约定，按事件向受益人分配信托财产和收益。比如，在受益人考取大学、硕士、博士时，可获得一定数量的奖学金；在受益人结婚、生子时，可得到祝福礼金。

同时，在设立家族信托时，委托人还可以激励受益人的正面行为，约束其负面行为。比如，受益人考取指定的大学，获得的奖学金可以翻倍；受益人一旦有吸毒行为或被采取刑事措施，取消其除基本生活费外的所有信托受益权。

4. 防止子女挥霍

如果委托人的某个子女浪费成性、挥霍无度，或者有赌博、吸毒等行为，直接将财产交给他管理，很快就会被挥霍殆尽。对于此类风险，家族信托可以很好地解决。具体来说就是，委托人通过家族信托，按月给子女支付基本生活费，同时在信托合同中规定，信托受益权不可转让、不得用于清偿受益人债务等。

三、可靠的财富管理

委托人设立家族信托，一般是基于财富保护和传承方面的考虑，但也不应该忽视家族信托在财富的保值增值等方面的功能。

新中国引进信托制度的最初目的就是融资，信托公司因此一度被命名为“信托投资公司”。由此可见，筹措和融通资金也是信托的重要功能。信托公司作为专业的资产管理机构，其投资领域几乎没有限制，同时，信托公司又可以利用制度优势，整合相关行业最优质的资源和人才。显而易见，风险管理机制完善、经验丰富的信托公司，可以更好地实现投资人财富保值增值的目标。

《信托公司管理办法》第三十四条规定："信托公司开展信托业务，不得承诺信托财产不受损失或者保证最低收益。"因此，在设立家族信托时，信托公司不会在信托合同中对信托财产做出保本或预期收益的承诺。同时，《信托公司管理办法》第二十四条又规定："信托公司管理运用或者处分信托财产，必须恪尽职守，履行诚实、信用、谨慎、有效管理的义务，维护受益人的最大利益。"信托公司是具有丰富经验的资产管理机构，很多上市公司的闲置资金、银行理财产品也会投向信托理财计划，所以，一般来说，家族信托风险相对可控，收益相对较高，是较好的财富管理工具。

信托公司在管理家族信托的信托财产时，通常会根据委托人的风险偏好，审慎地选择投资产品，并进行分散投资，以此来实现信托财产的稳健增值。

四、严格的隐私保护

在现实生活中，很多人是通过遗嘱的方式来安排身后财产的。虽然遗嘱在订立时无须公开，但在执行时必须公开，因为遗嘱在执行前需要进行继承权公证。在办理继承权公证时，需要所有的继承人（包括遗嘱继承人和法定继承人）到场，并且在所有继承人对遗嘱内容达成一致意见后，遗嘱才可以执行。在这个过程中，很可能会有个别继承人因得知遗产分配内容而引发新的矛盾。一旦继承人无法达成一致意见，遗嘱继承就需要进入诉讼程序，而这可能会使遗嘱内容进入公众的视野。

在家族信托的设计过程中，保密是非常重要的。家族信托的保密可以分为对内保密和对外保密。在设立家族信托时，委托人可以设计内部保密机制，这样的话，多个受益人互相之间就无法知道各自的信托受益份额。除此之外，《信托法》第三十三条规定："受托人对委托人、受益人以及处理信托事务的情况和资料负有依法保密的义务。"也就是说，除非法律有特殊规定，受托人必须严格遵循保密规则，因此，与家族信托有关的所有关系人的信息、信托财产信息、信托分配安排等内容都是保密的。由此可见，家族信托具有强大的隐私保护优势。

家族信托中保密条款的意义在于，通过信息的保密，特别是受益人之间受益份额的保密，可以减少受益人之间的矛盾冲突，让家族信托尽量少受干扰，正常运行。同时，家族信托可以很好地规避遗嘱继承必须公开的缺陷，更好地照顾不方便公开信息的家庭成员。

此外，在家族信托存续期间，信托财产的投资、管理和应用均以受托人的名义进行，委托人和受益人是隐藏在信托背后的。这也体现了家族信托在隐私保护方面的优势。

五、特殊目的的实现

除了财富保护、传承和管理等功能外，家族信托还可以用于实现一些特定目的，比如公益慈善、公司结构治理、员工股权激励计划等。

以慈善信托为例，2020 年第一季度，为抗击新型冠状病毒疫情，多家信托公司推出了以防疫为主题的慈善信托。与慈善基金相比，慈善信托设立流程简便，无资金门槛，管理成本很低，而且，有监察人制度及信息公开制度，优势非常明显。据“慈善中国”网站显示，截至 2020 年 7 月 7 日，我国共备案 420 单慈善信托，财产总规模共 32.58 亿元。

家族信托 vs 集合资金信托

长期以来，国内的信托公司一直以集合资金信托业务为主，大家说起信托，第一时间想到的往往也是集合资金信托。因此，有必要在这时给大家梳理一下家族信托与集合资金信托的不同。

集合资金信托可以说是一种理财产品，其合同期限一般为 1 ~ 3 年，最长也不会超过 5 年。家族信托是为高净值人士专门定制的专属计划，它以财富保护和传承为主要目的，合同期限一般不会低于 30 年，甚至可以是无限期的。

通常情况下，家族信托不会设置预期年化收益率，也不会指定特定的投资项目，而是根据客户的风险偏好去做综合化的产品配置。集合资金信托则一般会有一个“预期收益率”，根据用益金融信托研究院的统计，在

2019 年，64 家信托公司共发行 25 630 个集合资金信托计划，平均预期年化收益率为 8.16%。[①]2020 年上半年，集合信托产品发行的平均收益率为 7.62%，环比下降 0.29 个百分点。数据显示，从 2019 年下半年开始，市场上发行和成立的集合信托产品的收益率持续走低。[②]

此外，家族信托可将多名家庭成员设置为信托受益人，只要委托人在世，可以随时变更受益人，还可以限制受益人的权利。而集合资金信托的受益人往往只能是委托人本人。

下面这个表，清晰地展现了家族信托和集合资金信托的区别。

---

① 用益信托网 .2019 年国内集合信托产品统计数据（1 ~ 12 月）. http://www.yanglee.com/Studio/Details.aspx?i=74114，2020-5-25.

② 用益信托网 .2020 上半年信托市场概况出炉！下半年信托怎么买？. http://www.yanglee.com/Information/Details.aspx?i=81064，2020-7-7.

家族信托与集合资金信托比较

	家族信托	集合资金信托
运作模式	根据委托人的特定目的进行运作	“募、投、管、退”模式
收益率	量身定制，一般情况下，不预设预期年化收益率，无明确的项目投向	标准化产品，有明确的项目投向，有预期年化收益率（“资管新规”过渡期后，应该也会以净值化方式管理）
存续期	存续期较长，一般为30～99年，甚至无限期	存续期较短，一般为1～5年
信托合同	由委托人根据需求进行个性化的设计和定制	合同为统一的格式条款
资产隔离	可实现资产的有效隔离	一般为自益信托，无资产隔离功能
财富传承功能	可实现个性化的、丰富的财富传承功能和规划	以理财和增值为目的，无财富传承功能

小问题

如何向客户讲清楚家族信托和集合资金信托的区别?

集合资金信托

可以看成是一种标准化的理财产品。集合资金信托的资金流向是“原卡出，原卡进”，委托人和受益人必须为同一人，没有资产隔离、财富传承的功能。

家族信托

是根据委托人需求定制的信托计划，多被作为财富传承的一种工具。家族信托的委托人和受益人不是同一人，具有资产隔离、财富传承等功能。

家族信托经典案例详解

为防儿子挥霍，许世勋设立家族信托[①]

2018年12月5日，香港第一船王许爱周的儿子许世勋在香港病逝，享年97岁。因其儿媳是港姐、知名演员李嘉欣，他的去世备受人们关注。然而，人们更加关注的是许世勋选择的家族财富传承方式。

据香港媒体报道，许世勋在世时，便早已安排好名下的巨额财产。他设立了一个总资产超过200亿港元的家族信托基金，并将自己和儿子许晋亨居住的两套豪宅，以及名下其他多处豪宅和资产放入其中。同时，任何人都无权支配信托基金，而许家每个人每个月能从中

---

① 华夏时报网．许世勋离世再现财富传承经典案例 政策改革倒逼国内家族信托发展．http://www.chinatimes.net.cn/article/82476.html，2020-5-25.

领取一笔生活费，其中许晋亨和李嘉欣夫妇每个月可以领 200 万港元。

许世勋以家族信托的方式安排遗产，引发了外界无数猜测。据说，许世勋不放心把巨额财产交给儿子打理。换一个角度来看，这正体现了“父母之爱子，则为之计深远”。许世勋没有将财产直接交给儿子许晋亨，而是设立家族信托，不仅可以保证唯一的儿子一辈子衣食无忧，过体面的生活，还可以防止家族内部出现所谓的“遗产争夺”大战。

许世勋家族信托结构图

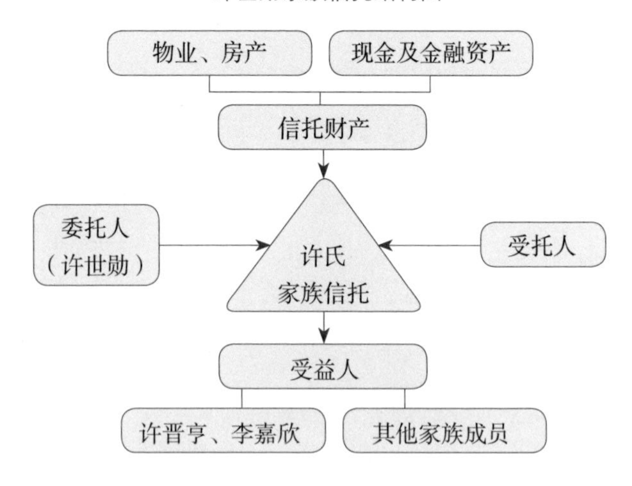

为周全照顾女儿，沈殿霞设立家族信托[①]

在演艺圈打拼了 40 年的沈殿霞，绰号“肥肥”，很有大姐风范。1978 年，沈殿霞认识了郑少秋，随后二人相恋。1985 年 1 月 5 日，二人飞赴加拿大结婚。1987 年，他们的女儿郑欣宜出生。然而，在女儿仅两岁时，沈殿霞与郑少秋离婚，并取得了女儿的抚养权及大部分财产。2008 年 2 月 19 日，沈殿霞因肝癌在香港病逝，享年 62 岁。

沈殿霞在生前累积了不少资产，包括中国香港、加拿大的不动产、金融资产与首饰等，保守估计资产净值达 1 亿港元。当沈殿霞第一次查出身体有问题时，其遗产处理问题便备受大众关注。最让沈殿霞放心不下的当然是自己的女儿，因为女儿郑欣宜当时仅 20 岁，没有任何处理各类资产项目的经验。沈殿霞希望在自己去世后，女儿不被人欺骗，将来女儿的生活也能得到保障。

---

① 王众．中国信托法原理与实例精要［M］．北京：中国政法大学出版社，2017：116.

据媒体报道，沈殿霞在去世前，将上亿港元的资产设立了家族信托，其中包括名下的银行账户资产、市值7000 万港元的花园公寓、投资资产和首饰，受益人自然是女儿郑欣宜。该家族信托中的条款规定，郑欣宜每月可从信托中申请固定金额的费用。这笔费用既可以保证女儿衣食无忧，又可以防止她奢侈浪费。而当郑欣宜面对资产运用等重大事项时，最终决定由受托人负责审批、协助。

同时，在该家族信托中，沈殿霞还指定前夫郑少秋和信赖的朋友共同组成“信托保护人（监察人）”，以此来监督受托人在管理与运用信托财产时，有无违反信托义务、侵害受益人的行为发生。如果郑欣宜想要支取大额款项，必须得到包括郑少秋在内的 5 位保护人的共同签名。这样，一来可以避免郑欣宜因年纪太小、涉世未深而挥霍遗产，二来可以防止有人觊觎庞大财产，三来可以杜绝受托人“监守自盗”。

沈殿霞家族信托结构图

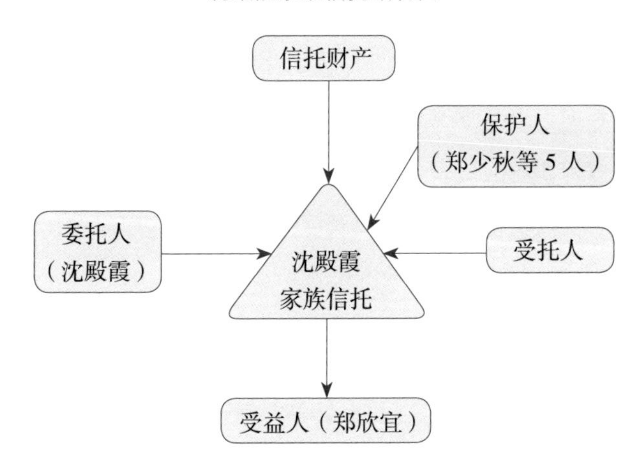

梅艳芳的家族信托有重大瑕疵吗[①]

梅艳芳是香港演艺界举足轻重的人物，多年的演艺事业让她存下了不少积蓄。至 2003 年病逝前，梅艳芳名下有中国香港、伦敦、新加坡等多处房产以及现金，资产总值超过 1 亿港元。尽管与母亲关系不好，梅艳芳仍希望供养她终老。让梅艳芳担心的是，如果把这笔钱

① 王众．中国信托法原理与实例精要［M］．北京：中国政法大学出版社，2017：110—116.

一次性给了母亲，可能很快就会被她挥霍殆尽，母亲以后的生活反而没有着落。于是，梅艳芳通过设立家族信托基金，将6套房产及部分现金装入信托，由汇丰信托作为受托人。

根据梅艳芳的遗嘱以及受托人备忘录可以得知，该家族信托的受益人及受益安排大致如下：

（1）为侄子、侄女预留160万港元作为教育金；

（2）每月向梅母支付7万港元生活费，直至其去世；

（3）在梅母去世后，其份额的余额分配给妙境佛学会；

（4）将两套房子赠与好友刘培基；

（5）财产不得分配给其他梅氏家族成员。

梅艳芳去世后，梅母和受托人汇丰信托之间展开了一系列长达10年的诉讼。在第一阶段，梅母质疑遗嘱的合法性，希望撤销信托，并把通过遗嘱置入信托的财产转到自己和梅兄名下。第一阶段的诉讼以梅母完败结束。梅母见撤销信托无望，便开始第二阶段的诉讼，她希望汇丰信托每月增加分配给自己的生活费。因为根据中国香港的法律，如果法院认为遗嘱并没有为申

梅艳芳家族信托结构图

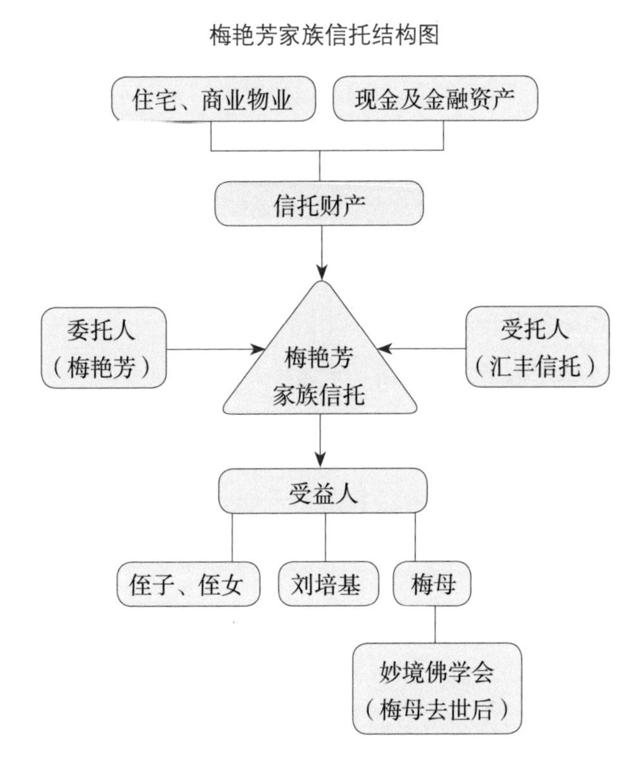

请人提供合理的经济给养，那么法院可以依法做出变更。最后，法院多次支持了梅母的诉求，增加分配给梅母的生活费。

面对多年的诉讼，不管是受托人汇丰信托还是梅母，都需要支付不菲的律师费。受托人的诉讼费用理应由信托财产支付，而梅母因无力支付律师费和上诉费用，只能从每月信托给予的生活费中“分期支付”。因此，10 年的诉讼律师费事实上都是由信托财产承担的，这造成信托财产的大幅缩水，流动性耗尽。于是，汇丰信托不得不多次拍卖作为信托财产之一的梅艳芳的实物财产。曾有台湾媒体报道，2012 年 4 月，汇丰信托以流动资金资不抵债为由，有 10 个月的时间停止向梅母发放生活费。

有人认为，梅艳芳因病情严重，便通过遗嘱匆忙将所有财产全部放入家族信托，这使她无法对信托条款进行详细周全的规划。同时，通过遗嘱将信托财产放入信托导致信托保密机制失效，才给了梅母一次次挑战信托的机会。因此，这份家族信托在设计上存在重大瑕疵。

但从梅艳芳的病情来看，这份家族信托是当时最好的安排。梅艳芳设立家族信托的目的，主要是想确保遗产不会被梅母和梅兄挥霍，并能保证梅母基本的养老生活。虽然该信托在设立后经历了 10 年诉讼，但依然有效，梅艳芳的遗产没有被母亲和兄弟挥霍，仍然被信托公司管理。这从另一个方面印证了信托架构的稳定性。

试想，如果梅艳芳当初没有设立家族信托，又该是一番什么样的景象呢？

05

保险金信托

近些年，保险金信托在我国得到了较快的发展。与人寿保险相比，保险金信托具有受益人范围更广、保险金安排更灵活、可以实现保险金再管理等优势；与家族信托相比，保险金信托具有保险杠杆、门槛低、操作便捷等优势。正因如此，保险金信托获得了越来越多中产人士的青睐。

认识保险金信托：定义、法律基础、架构和风险

通过以上四章的内容，我们已经了解了信托的起源和发展、信托的基础知识、集合资金信托和家族信托。保险金信托作为信托的一个种类，虽然近些年逐渐开始被人们认识和使用，但仍然有很多人对它感到陌生。接下来，我们就讲一下保险金信托。

什么是保险金信托

保险金信托，是指投保人在和保险公司签订保险合同后，以人寿保险单作为信托财产，再和与保险公司合作的信托公司签订信托合同，约定未来的保险金直接进入信托账户，由信托公司进行管理和运作，并将信托财产及收益按合同约定，分配给信托受益人的信托计划。

保险金信托又称人寿保险信托。

保险金信托包含保险和信托两个法律关系，需要签订两份合同：保险合同和信托合同。投保人与保险公司签订保险合同，保险的投保人作为委托人与信托公司签订信托合同。

保险金信托的法律基础

根据《信托法》的规定，只要满足合法的信托目的、委托人有确定且合法的信托财产、采用书面形式等三个条件，即可设立信托。从这三个角度来看保险金信托，我们会发现保险金信托的设立有着坚实的法律基础。

首先，保险金信托是委托人为家庭成员的利益而做出的信托安排，其信托目的合法。

其次，保险金信托的信托财产是保单的受益权，信托财产确定且合法。一旦保险合同约定的保险金给付或赔付的事件发生，保险公司即给付或赔付保险金至信托账户，而保险金属于合法财产。

最后，委托人设立信托，需要与信托公司签订书面的信托合同，满足设立信托的形式要件（采用书面形式）。

保险金信托的架构

在保险金信托实务中，通常的做法是投保人先购买

保险金信托架构图

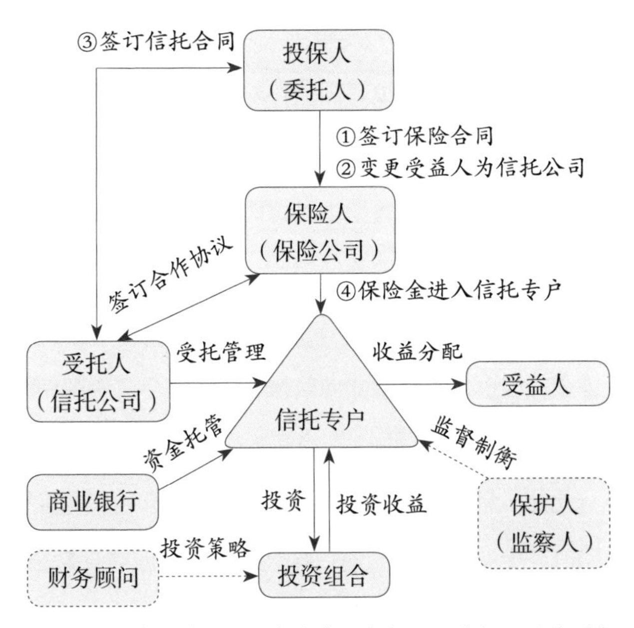

（注：在保险金信托实务中，根据不同信托公司的要求，图中②和③的顺序也有可能不同。）

一张大额保单，同时与信托公司沟通信托方案。在投保人（委托人）与信托公司达成初步意向，且待保单犹豫期过后，再将保单的受益人变更为信托公司。之后，保单的投保人作为信托委托人与信托公司签订信托合同，完成保险金信托的设立。

保险金信托的风险

1. 保险合同终止的风险

保险金信托包含保险和信托两个法律关系。从保险这一面来看，信托公司的角色是受益人，但是，保单的主动权却掌握在投保人手中，这样的话，信托公司能否取得保险金会有很大的不确定性，因为投保人可以随时终止保险合同，也就是俗称的“退保”。所以一旦投保人（委托人）退保，除非向信托中追加资金，否则保险金信托账户就永远只是一个空账户。

此外，只有当保险合同约定的条件达成或保险事故发生时，保险公司才会向信托公司给付或赔付保险金，信托公司的保险金请求权也才会转化为确定的财产权。因此，对于保险金信托的受益人来说，能否拿到信托收益，具有一定的不确定性。

为了避免保险合同因为投保人的原因而终止，保障信托受益人的利益，在设立保险金信托之前，委托人（投保人）就要做好计划，不到万不得已不退保或减保。

2. 投保人先于被保险人身故的风险

在保险中，如果投保人和被保险人不是同一人，那么，一旦投保人先于被保险人死亡，保单现金价值就会面临被当作投保人的遗产而进行分割的风险。因此，一旦保单被投保人的继承人要求退保分割，保险金信托的信托目的便无法实现。当然，投保人的继承人可以与被保险人和受益人协商一致，变更一个新的投保人，让保险合同继续有效。然而，新的投保人不是信托合同的委托人，信托部分可能会存在一些争议。

为规避此类风险，在设立保险金信托的保单时，应该将投保人和被保险人设为同一人。另外，有的保险公司允许设立第二投保人，一旦投保人身故，第二顺位投保人自动替代原投保人，承接保险合同中原投保人的权利和义务。

据媒体报道，有的信托公司和保险公司合作推出了2.0版本的保险金信托，即在保险合同犹豫期后，将保单的投保人和受益人都变更为信托公司，同时将续期保险费也提前放入信托，约定由信托公司按时交纳续期保险费。

这种模式的保险金信托，既解决了投保人先于被保险人身故的风险，也解决了投保人退保的风险，同时，还可以隔离自然人作为投保人的债务风险。这种模式的保险金信托，应该是保险金信托未来的发展趋势和方向。

保险金信托的模式：1.0 版、2.0 版、3.0 版

最近几年，国内的保险金信托发展较快，运作模式也在不断创新，行业内流传有所谓的“1.0 版”“2.0 版”“3.0 版”。可在整个行业内，还没有就此达成共识，形成公认的标准。在此，为表述方便，我们也暂且采用这种说法。

1.0 版

1.0 版是指最早出现的保险金信托模式，目的是为了解决保险金的再管理和个性化分配及传承的问题。该模式仅将保险的受益人变更为信托公司。

保险金信托模式1.0版参考图

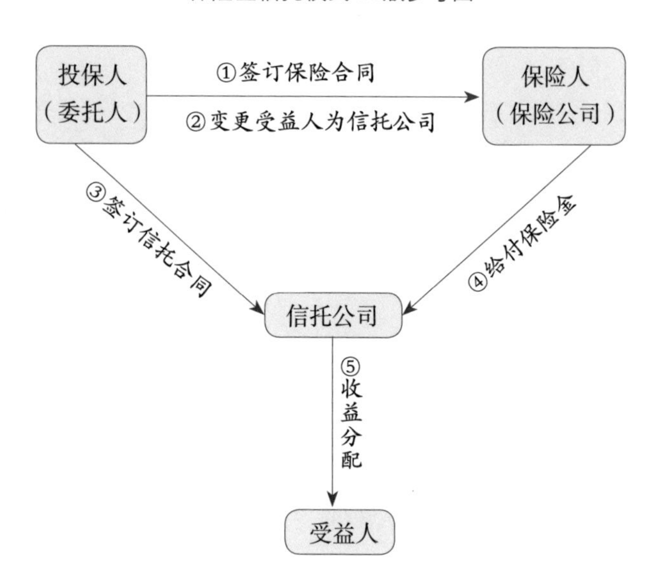

这种模式的弊端在于，如果投保人和被保险人不是同一人，那么当投保人先于被保险人身故时，保单可能会被作为投保人的遗产进行分割，从而造成信托合同在事实上无法执行。另外，投保人退保也会导致信托因无法获得保险金而终止。

2.0 版

2.0 版是指在保险合同生效后，将保险合同的受益人和投保人都变更为信托公司，同时将续期保险费提前放入信托，约定由信托公司按时交纳续期保险费。

保险金信托模式2.0版参考图

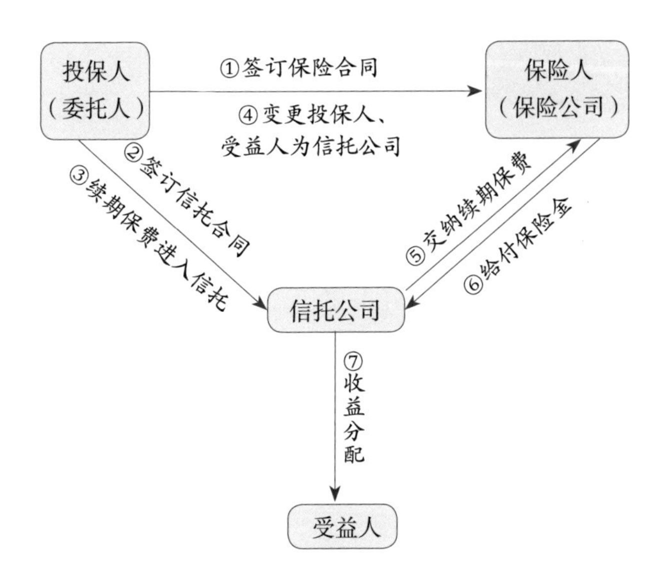

如前文所述，这种模式的保险金信托，解决了投保人先于被保险人身故及投保人退保的风险，并能隔离自然人作为投保人的债务风险。

3.0 版

3.0 版具体是指什么模式，有多种说法。常见的一种说法是指先成立资金家族信托，再按信托合同的约定，用信托资金为委托人或其指定的人购买保险，保险费由信托财产支付，保险的受益人也是信托公司。

保险金信托模式3.0版参考图

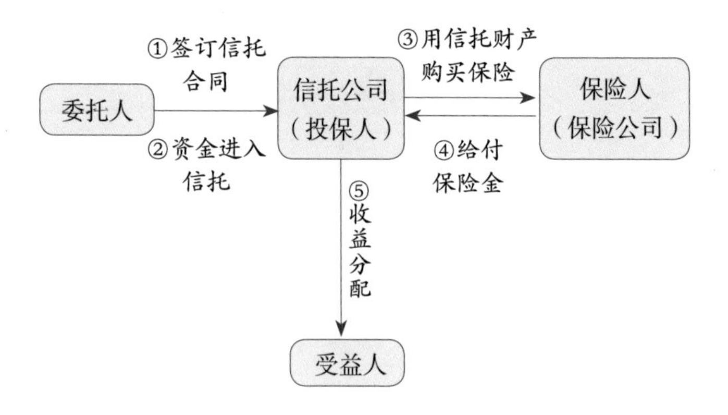

在目前的保险金信托市场上，1.0 版模式的保险金信托是各家保险公司和信托公司合作的主要模式；而 2.0 版和 3.0 版模式在实务中则比较少，因为这两种模式无法通过大多数保险公司严格的合规和内控制度。

相对于1.0版模式，2.0版和3.0版模式的保险金信托，对客户的财富保护和规划更全面。因此，我们期待未来监管部门能在这方面做出明确规定，以更好地维护委托人和受益人的利益。

保险金信托模式比较

1.0版	2.0版	3.0版
投保后，仅将保单受益人变更为信托公司	投保后，将保单受益人和投保人均变更为信托公司，并约定由信托公司交纳续期保险费	先成立资金家族信托，在信托合同中约定用信托财产为委托人购买保险，保单受益人为信托公司

设立保险金信托的步骤

不同的保险公司和信托公司，设立保险金信托的流程可能会有一些区别。有的公司会要求客户分别与保险公司、信托公司签订合同，有的公司则要求客户和保险公司、信托公司签订三方的合同，但大致流程是相似的。我们来具体看一下设立保险金信托的一般流程。

提出设立保险金信托的意向

首先，客户需要选择能提供保险金信托方案的保险公司，并与保险公司专业人员接洽，提出设立保险金信托的意向和自己的具体需求。

配置大额人寿保险

保险公司人员在分析客户的需求后，为其选择合适的产品，并设计投保人和被保险人架构。为客户配置的大额保险，一般为终身寿险或年金保险，其保险费或保额要达到保险公司和信托公司共同制定的标准。

细化信托方案

客户在购买保险后，再作为信托的委托人向信托公司提出设立保险金信托的申请，包括沟通信托意向、确定信托目的、制订信托收益分配方案等内容。为提高沟通效率，信托公司一般会要求客户填写一份详细的《信托意向书》。

变更保险受益人

信托公司收到客户的申请后，要对申请进行初审。审核通过后，信托公司会通知客户到保险公司将受益人变更为信托公司。

交纳信托设立费，提供尽职调查材料

客户交纳信托设立费至信托公司账户，同时按信托公司的要求，提供相关尽职调查材料（所需尽职调查材料，详见本书第 7 章第九个问题）。

拟订信托合同

信托公司收到信托设立费后，开始根据客户的需求起草信托合同，并与客户确认或修改。

签订信托合同

客户和信托公司就合同内容达成一致后，签订信托合同，同时进行双录（录音和录像）。双录需要保险的投保人（信托的委托人）、被保险人同时参加，委托人的配偶可能也要参与。如果信托设计了监察人，监察人也需要参与双录。

完成信托合同

在客户签订信托合同并完成双录后，信托合同还需要经过信托公司法律合规部门审核。信托合同盖章之后，信托公司将其报中国信登登记（不公示）。最后，信托公司会将信托合同递送到客户手中，信托合同完成签订。

设立保险金信托流程

步骤	接洽机构	要点
提出需求意向	保险公司	如需求较复杂，需信托公司提前介入
配置大额保险	保险公司	一般为终身寿险或年金险
细化信托方案	信托公司	确定信托意向
变更受益人	保险公司	将保单受益人变更为信托公司
尽职调查	信托公司	交纳信托设立费，提供尽职调查材料
拟订信托合同	信托公司	客户确认信托合同
签订信托合同	信托公司	投保人、被保险人需要双录
完成信托合同	信托公司	合同审核，备案登记

保险金信托 vs 人寿保险

保险金信托并不是简单地把人寿保险和家族信托这两种常见的财富传承工具凑到一起，更重要的是，它进一步融合了两类产品的优势。

在保险金给付前，保险金信托是一张大额保单，在保险金进入信托账户后，它就是迷你版的家族信托。家族信托能够实现的功能，比如资产隔离、婚姻财产保护、避免继承纠纷、防止子女挥霍、税务筹划等，保险金信托全部能够做到。接下来，我们讲一下保险金信托相对于人寿保险的优势。

受益人的范围更广

人寿保险的受益人一般是被保险人的父母、配偶或子女等，如果第三代想要作为保险的受益人，则会受到诸多限制。

保险金信托的受益人比人寿保险的受益人范围更广，只要是和委托人有亲属关系的人都可以作为受益人，包括血亲和姻亲、直系和旁系、近亲和远亲等。

保险金的安排更灵活

在人寿保险中，保险金一般是一次性给付的。虽然有的保险公司开发了保险金延期领取功能，但在法律上尚存争议，而且保险金延期领取的情形也很有限。

在保险金信托中，保险金会进入信托账户，并由委托人（保险的投保人）提前在信托合同中对保险金的使用做出规划和限定。这样可以防范受益人挥霍和管理不当的风险，使保险金能更好地按投保人的意愿来发挥作用。

保险金更安全

在人寿保险中，当保险公司将保险金赔付给受益人后，保险金便成为了受益人的财产。当受益人存在债务时，保险金便可能被用来偿还债务，这是投保人和被保险人都不愿意看到的。

在保险金信托中，保险金进入信托账户后，就会成为独立的信托财产，与委托人的其他财产、信托公司的固有财产、受益人的财产相独立。如果受益人在可以取得信托收益时有大额债务，受益人可以用信托收益偿还债务，也可以向信托公司申请暂时停止分配，待债务问题解决后再申领。保险金作为信托财产是与受益人的债务相隔离的。受益人甚至可以要求信托公司直接向与自己生活有关的第三方支付相应款项，以保障自己的基本生活——能否做到这一步，主要取决于信托合同的约定，不过在目前的信托实务中，很多信托公司尚无法做到。

实现保险金的再管理

在人寿保险中，当保险金赔付给受益人后，保险金会成为受益人的财产，无法实现资产的保值增值。

在保险金信托中，当保险金进入信托账户并成为信托财产后，会由信托公司进行管理。信托公司是非常专业的资产管理机构，可以更好地实现保险金的保值增值。

保险金信托 vs 家族信托

与单纯的家族信托相比，保险金信托也有着自己的独特优势，下面我们来简单了解一下。

保险杠杆可以放大资产规模

保险金信托中的保险，一般都是大额终身寿险，而终身寿险具有较高的保险杠杆。这意味着，在被保险人身故后，保险公司给付的身故保险金，往往是保险费的数倍。因此，和纯资金信托相比，保险金信托可以利用大额保单的杠杆性，放大传承的财富，扩大信托资产规模。

门槛低，受众广

从目前国内信托公司和各大银行开展家族信托业务

的实际情况来看，设立家族信托的一般门槛为 5000 万元。但也有信托公司将家族信托的门槛设为 3000 万元，甚至有个别银行将门槛设为 1000 万元。

2018 年 8 月 17 日，中国银保监会下发了《关于加强规范资产管理业务过渡期内信托监管工作的通知》（信托函〔2018〕37 号），除了第一次以官方文件的形式为“家族信托”下定义外，该通知还明确指出“家族信托财产金额或价值不低于 1000 万元”。因此，不少信托公司在开展家族信托业务时，都会将该通知看作设立家族信托门槛的行政性规定。

作为财产权信托的保险金信托，则并不需要满足 1000 万元的门槛。对于很多信托公司来说，客户只要购买最低保额为 300 万元的终身寿险，即可设立保险金信托，而对应的年交保险费可能只有几十万元。这大大降低了家族信托的门槛，也扩大了客户的范围。

操作便捷，争议少

在设立家族信托时，委托人需要面对信托公司复杂的尽职调查，比如身份、职业、资金来源等。有很多委托人因为不能提供资金来源的证明，无法通过信托公司的尽职调查，不得不放弃家族信托。相比于家族信托，购买保险产品的流程相对简单，因此，设立保险金信托也相对便捷。

根据《中华人民共和国个人所得税法》（以下简称《个人所得税法》）第四条的规定，保险赔款是免征个人所得税的。同时，指定受益人的保险金是受益人的个人财产，不应列入被保险人遗产。这意味着，保险金作为信托财产，来源干净，权属清晰，没有税务风险、债务风险和夫妻财产混同风险，因此争议也最小。

流动性较强

当委托人急需大量现金来解决临时流动性问题时，一般信托公司都没有机制来应对，所以，放入家族信托中的资金，常常会面临丧失流动性的风险。而保险金信托则非常灵活，在保险金进入信托账户之前，保单的质押贷款、减保取现，甚至退保获取现金价值等功能都不受影响，这些功能都是保险公司的常规业务，可以有效解决投保人的资金流动性问题。另外，保险金信托架构搭建起来以后，在流动性充裕的情况下，委托人还可以随时向信托账户中追加现金，因此，委托人在守住现有财富的同时，还可以为未来的财富规划留下空间。

保险金信托的其他优势

除了相对于人寿保险和家族信托的一些优势外，保险金信托还具有一些其他优势。

更加丰富的传承方案

目前，中国家庭在进行财富代际传承时，最常见的方式是法定继承和遗嘱继承。随着中国高净值家庭财富规模的不断扩大和资产类别的日益复杂，传统继承方式已很难满足高净值人士的传承需求。时常可见的名人子女争夺遗产的新闻，更是凸显了财富传承的复杂性，以及功能强大的传承工具的重要性。保险金信托可以很好地解决这一问题。

通过设立保险金信托，委托人可以按照自己的意愿设定多个受益人，并特别定制每个受益人的受益时间、受益条件等分配方案，还可以灵活设定受益人之间的受益比例、受益顺位、受益权流转等内容。同时，保险金信托还可以有效解决隔代传承问题，避免逆继承（父母继承子女的遗产）。

通过设立保险金信托，委托人可以用信托条款来约定财产的使用，比如，保证子女及其后代在求学、婚姻、事业等方面有充足的物质保障。同时，委托人还可以通过设计分配条款，鼓励受益人的正面行为，约束其负面行为，向后代传递家族的价值观，实现家族精神的有效传承。

增加传承方案的确定性

在财富传承的安排上，很多高净值人士非常看重计划执行过程中的确定性。在保险合同有效期内，保险金信托是一份保险，可以锁定保险合同确定的保险利益。这里的“确定的保险利益”，是指在确定的时间到达或确定的事件发生时给确定的人一笔确定金额的钱。

通过指定受益人，保险的受益人是确定的；对于终身寿险，保险金额是确定的；对于终身年金保险，与生命等长的现金流也是确定的。保险的这些确定性，是其他金融工具不具备的。将保险与信托相结合，是对财富安排的再次细化，能保证在保险金成为信托财产之后，通过信托合同的约定，信托财产及收益，各受益人、受益金额、使用事项等内容也都是确定的。

防范家庭债务及争产风险

高净值家庭的财富传承常常伴随着诸多风险，比如子女挥霍、家庭成员争夺财产、子女离婚分割财产、债务问题，等等。所谓“富不过三代”，大多也都是因为这些风险。在很大程度上，保险金信托可以化解财富传承中的这些风险。

在信托条款中，委托人可以约定信托收益属于受益人的个人财产，不属于夫妻共同财产，这样就可以避免信托财产与子女的婚内财产混同，继而避免子女离婚分割财产的风险。同时，信托通过合同约定的方式分配信托财产，通常不存在争议，可以有效防范家庭成员争夺财产的风险。

《信托法》第四十七条规定：“受益人不能清偿到期

债务的，其信托受益权可以用于清偿债务，但法律、行政法规以及信托文件有限制性规定的除外。”因此，委托人在设立保险金信托时，可以在信托合同中规定，信托的受益权不得用于清偿债务，这样的话，即使受益人面临巨额债务，也不能用信托财产来偿还。

委托人也可以在信托合同中约定，将信托财产分批少量分配给子女。这样既能使子女获得长期稳定的现金收入和基本生活保障，又能避免家产被挥霍的风险。

规避烦琐的继承手续

无论是法定继承还是遗嘱继承，继承人在继承财产前，都需要办理烦琐的继承权公证手续。继承权公证要求所有的继承人（包括遗嘱继承人和法定继承人）到场，并且在所有继承人对遗嘱内容达成一致意见后，遗嘱才可以执行。这意味着，如果某个继承人不配合，或对遗嘱内容不认可，或由于联系不上而不能到场，继承权公证就无法完成。这可能会造成遗产被长期冻结，影响资产的运用效率，也可能导致亲人之间的诉讼纠纷。

在利用保险金信托进行财富传承的安排时，受益人、受益份额、受益条件等都可以在合同中写明。这样的话，受益人按照信托合同约定即可直接获得信托财产，从而有效地避免烦琐的继承权公证手续。

更好地进行税务筹划

随着个人所得税改革的不断推进以及 CRS（Common Reporting Standard,《共同申报准则》）的落地，国内的税务环境正在快速与国际接轨。个人资产全球透明化和税务征管严格化已经是一种趋势，如何进行国内外资产的税务筹划，成为中国高净值家庭面临的新课题。在这一背景下，将保险金信托作为税务筹划工具有其独特的优势。

首先，根据《个人所得税法》第四条的规定，保险赔款是免征个人所得税的。这意味着用人寿保险设立保险金信托，其信托财产是没有税务争议的财产。其次，如果中国以后开征赠与税和遗产税，高净值家庭将不可避免地面临沉重的税务负担。遗产税法的原则一般是先完税再继承，对于缺少现金类资产的大部分家庭来说，子女在继承遗产时，要想短期内筹措缴纳遗产税的资金难度颇大，这很可能会带来遗产无法顺利继承的风险。根据《信托法》第十五条的规定，如果委托人死亡，“委托人不是唯一受益人的，信托存续，信托财产不作为其遗产或者清算财产”。因此，保险金信托有一定的规避遗产税的功能。

所以，信托财产不仅不需要缴纳遗产税，还可以作为遗产税的应税现金，而无须临时折价变卖或拍卖资产。有的信托公司会将“遗产税准备”作为保险金信托的一个建议分配条款选项，以供委托人选择。

法条链接

《个人所得税法》

第四条　下列各项个人所得，免征个人所得税：

（一）省级人民政府、国务院部委和中国人民解放军军以上单位，以及外国组织、国际组织颁发的科学、教育、技术、文化、卫生、体育、环境保护等方面的奖金；

（二）国债和国家发行的金融债券利息；

（三）按照国家统一规定发给的补贴、津贴；

（四）福利费、抚恤金、救济金；

（五）保险赔款；

（六）军人的转业费、复员费、退役金；

（七）按照国家统一规定发给干部、职工的安家费、退职费、基本养老金或者退休费、离休费、离休生活补助费；

（八）依照有关法律规定应予免税的各国驻华使馆、领事馆的外交代表、领事官员和其他人员的所得；

（九）中国政府参加的国际公约、签订的协议中规定免税的所得；

（十）国务院规定的其他免税所得。

小问题

如何向客户讲清楚保险金信托的设立?

为什么不做家族信托?

家族信托门槛高（不得低于 1000 万元），设立流程复杂（需要通过严格的尽职调查），现金流容易被长期锁死（委托人较难动用进入信托的资金），使很多高净值家庭望而却步。

为什么可以做保险金信托?

保险金信托门槛较低（往往只需几百万元的保险费，且可分期给付），设立流程相对简单，投保人（委托人）可以利用保单贷款，短期内盘活现金流。而在资产隔离、财富传承等方面，保险金信托能实现与家族信托同样的功能。

设立保险金信托的一般流程

投保人购买大额人寿保险，将保单受益人变更为信托公司；之后投保人（委托人）与信托公司签订信托合同，在信托合同中约定受益人及分配条款。

06

保险金信托实操案例

在现实生活中，有人为了实现家业、企业资产的隔离，选择了保险金信托；有人为了规避财产的婚姻风险，选择了保险金信托；有人为了防止子女挥霍财产，选择了保险金信托；有人为了照顾特殊的家庭成员，选择了保险金信托……那么，这些都是怎么操作的呢？我们拿几个案例出来具体分析一下，以一斑窥豹。

家企资产隔离，规避企业经营风险牵连家业

案例

广东的 A 先生，53 岁，经营着一家服装加工企业，虽然规模不大，但在当地也算小有名气。因为企业的生意一直不错，A 先生一家三口的日子过得幸福美满。

最近几年，A 先生发现下游的一些客户开始拖欠货款，企业销售额也明显下滑。为维持企业正常运转，A 先生只好用家里的积蓄为企业输血。后来，当地一个关系很好的同行，因为债务问题失联，这让 A 先生开始担心起来。他担心万一企业经营不善，或者自己提前身故，会给家人的基本生活带来重大影响。于是，A 先生开始主动与多家金融机构的客户经理沟通，希望能找到家庭财富保障的合理方案。

客户需求分析

（1）家企资产隔离：避免因企业经营不善而导致家庭生活窘迫。

（2）企业融资：解决企业融资和现金流的问题。

（3）家庭成员的生活保障：包括自己和妻子的老年生活、子女的教育和生活、家庭成员的重大疾病医疗保障等。

保险金信托方案

1. 保险方案

投保人选择：从家企资产隔离的角度考虑，负债可能性较大的人不宜做投保人，所以投保人的选择有两个方案：一，A 先生将自己的合法收入赠与母亲，由母亲作为投保人；二，A 先生自己作为投保人，待交完全部保险费后，再变更投保人为自己的母亲或成年子女。投保人拥有保单的所有权，因为 A 先生不是保单的投保人，所以保单就不会被视作 A 先生的财产，可以实现资产隔离。A 先生的妻子是否适合作为投保人呢？考虑到夫妻财产共有、债务共担，从资产隔离角度，A 先生的母亲作为投保人比A先生的妻子更合适。

被保险人的选择：被保险人一般选择收入较高的人，所以A先生作为被保险人比较合适。

趸交还是期交：如果A先生判断未来几年企业经营平稳，不会出现大的风险，可选择3年或5年期交，减少一次性大额保险费支出的压力；如果A先生判断未来几年企业很可能出现较大的经营压力，可以选择趸交，提前做好资产隔离，保全财富。

具有现金价值的人寿保单可以进行贷款，以快速获得短期的现金流，满足企业融资需求。而且保单贷款的利率一般和同期商业贷款基准利率相当，甚至会略低。

2. 信托方案

在A先生为保单投保人的情况下，A先生作为委托人与信托公司签订保险金信托合同，约定未来的身故保险金进入信托，妻子和儿子为信托受益人，具体的信托收益分配如下：

（1）信托受益权比例：妻子和儿子的受益权比例为3∶7。

（2）儿子基本生活保障：儿子自18周岁起，每年可从信托中申领 5 万元作为基本生活费，直至 30 周岁。

（3）儿子教育基金：儿子考取大学本科、硕士、博士时，凭录取通知书，可一次性申领 20 万元教育基金。

（4）儿子结婚礼金：儿子结婚时，凭结婚证可一次性申领 50 万元结婚礼金，以两次为限。

（5）妻子养老保障：自委托人去世之日起，妻子每月可从信托中领取 2 万元作为基本生活费，直至去世。

（6）家庭成员重大疾病保障：妻子、儿子、孙辈若有一个月内 10 万元以上的大额医疗费用支出，可凭发票从信托中申领不超过实际医疗费用的金额。

（7）一次性领取全部信托财产余额：儿子在 50 周岁时，可一次性领取信托财产的全部余额。

保护婚姻财富，控制财富流向

婚姻财产的保护有两个方面：一方面，一代出现婚姻风险时，保护自己的财产权益；另一方面，子女离婚时，保证自己家族的财富不会外流。

案例

42 岁的 B 女士在广州从事外贸行业，经过多年经营，积累了一定的财富。8 年前，B 女士与一位创业伙伴 C 先生有过短暂交往，之后因性格不合分手。分手后，B 女士生下一子，孩子的生父是 C 先生。

与 B 女士同龄的好友因一次交通意外不幸去世，这让 B 女士深刻意识到生命的脆弱、人生的无常，也开始思考自己去世后的问题。她想，万一哪天自己发生了意外，自己的财产会变成谁的呢？

经过咨询专业人士，B 女士了解到，如果自己去世，生前又没有做出安排的话，财产会按照法定继承规则，由 B 女士的父母和儿子继承。但因儿子未成年，其继承遗产的手续会由监护人代为办理，也就是说，这部分财产会由儿子的生父 C 先生实际控制。而且，即使 B 女士生前写好合法有效的遗嘱，只要自己去世时儿子未成年，儿子继承的遗产都可能会由 C 先生控制，而这是 B 女士不能接受的。于是，B 女士向客户经理咨询，希望找到合适的解决方法。

客户需求分析

B 女士的需求其实很简单，就是一旦自己在儿子成年前去世，儿子和父母的生活有保障。最重要的是，防止自己的财产流向孩子的生父 C 先生。

保险金信托方案

1. 保险方案

B 女士可以以自己为投保人和被保险人，购买大额终身寿险，最好是杠杆比较高的险种。这样的话，一旦

B 女士不幸去世，大额的身故保险金可以保证父母和儿子生活无忧。

2. 信托方案

考虑到未成年儿子获得的保险金可能被其生父控制，B 女士可以将终身寿险受益人变更为信托公司，并在信托合同中做如下约定：

（1）B 女士的父亲、母亲、儿子作为信托受益人，受益比例为 1∶1∶8。

（2）信托分配方案从 B 女士去世之日启动。

（3）若儿子未来结婚，信托受益权仍为其个人所有，与其配偶无关，不是夫妻共同财产。

（4）父母二人每月可以领取当地月最低工资标准的 10 倍金额作为生活费，直至去世。在父母去世后，二人的信托受益份额均由 B 女士的儿子承接。

（5）在儿子 18 周岁前，每月可领取当地月最低工资标准的 10 倍金额作为生活费，并由 B 女士的父亲或母亲代为领取；在儿子 18 周岁后，其本人每月可领取当地月最低工资标准的 20 倍金额作为生活费，直至 30 周岁。

（6）儿子就读大学本科、硕士、博士，都可领取 30 万元的教育基金。以后儿子结婚、生子，可以领取 50 万元的祝福金。

（7）儿子在 45 周岁时，可领取全部剩余信托财产。

（8）若儿子去世，其信托受益份额由他在世的子女、B 女士的父母共同分享。

这个保险金信托方案可以很好地解决 B 女士的问题。首先，在 B 女士去世后，身故保险金会进入信托账户，其父母和儿子可以定期从信托中领取基本生活费用，儿子还可以领取教育金、婚育金等。其次，该方案能够防止财产流向儿子的生父，并且通过设计信托受益权流转方案，防止万一儿子去世，其信托受益份额落入其生父手中的风险。最后，信托合同还约定了儿子的信托受益权为其个人所有，与其配偶无关，可以防范儿子的婚姻财产分割风险。

细水长流，防止子女挥霍

案例

55 岁的 D 女士和先生感情很好，他们有一个已近 30 岁的儿子。虽然儿子曾有一段短暂的婚姻，却没有孩子，而且他还痴迷于赌博、赌球。随着年龄的增长，他们对儿子虽然怒其不争，但又放心不下，不能对其不闻不问，又不能将大量钱财直接交给他保管。他们希望用家族信托的方式保障儿子的基本生活，但家族信托动辄几千万元的门槛又是他们无法企及的。于是，在理财经理的介绍下，他们决定用保险金信托来解决这个问题。

客户需求分析

D 女士认为，自己和先生活着的时候，可以在一定程度上约束儿子，并保障儿子的基本生活。她担心的是，一旦老两口儿不在了，“败家”的儿子可能很快就会将家产挥霍一空，生活无以为继。

保险金信托方案

D 女士以自己为投保人和被保险人，购买大额终身寿险，同时设立保险金信托，并在信托合同中约定：

（1）信托分配方案自 D 女士去世后启动。

（2）儿子每月可以领取 1 万元作为基本生活费，直至去世。

（3）如果儿子结婚生子，孙子女每月可以领取 1 万元生活费，直至 18 岁。

（4）如果孙子女考取大学本科、硕士、博士，均给予一定金额的教育奖励；如果孙子女结婚生子，均给予一定金额的祝福礼金。

（5）如果儿子一生未再婚，无子嗣，在儿子去世后，剩余的信托财产捐赠给指定的慈善基金，用于帮助贫困大学生完成学业。

特殊家庭成员，需要特殊照顾

案例

49 岁的 E 女士，有一个被确诊患有自闭症的 10 岁儿子。E 女士曾是上市公司的高管，有一些积蓄。经过多年的治疗和训练，儿子的自闭症还是没有明显好转，E 女士开始接受孩子成年后仍然没有自理能力、很难独立在社会上生活的现实。E 女士担心的是，如果哪天自己身体出现问题或者去世，自己最疼爱的孩子怎么办？她想到了用保险金信托的方式来解决这个问题。

客户需求分析

自闭症患者，被称为“来自星星的孩子”，他们可能永远无法融入社会，无法独立生活，他们的父母往往承担着巨大的经济压力和精神压力。E 女士的需求就是，希望在自己去世之后，儿子依旧能获得基本生活的保障。

保险金信托方案

E 女士自己作为投保人和被保险人，购买大额年金保险和终身寿险，同时设立保险金信托，约定年金和身故保险金的受益人为信托公司，并在信托合同中约定：

（1）信托受益人为 E 女士的父亲、母亲和儿子，受益比例为 1∶1∶8。

（2）约定 E 女士非常信任的妹妹作为信托监察人，以保证信托计划的执行。

（3）信托分配方案自 E 女士去世时启动。

（4）E 女士的儿子每月可领取 2 万元作为生活费用和医疗费用，直至去世。如果有大额医疗费用支出，儿子可根据医疗费收据，从信托账户中另外申领费用，相关手续由 E 女士的妹妹代为办理。

对特殊家庭成员的照顾是个社会性难题，不仅需要长期大额的医疗费用，还需要家人精心的照顾和陪伴。保险金信托能够从制度上实现即使家人不在，仍然可以按照约定，持续为特殊家庭成员提供生活和医疗费用。

小问题

如何向客户介绍保险金信托的优势?

跟家族信托相比	设立门槛低，设立流程简单，现金不会被一下锁死。
跟人寿保险相比	受益人只要和委托人有亲属关系即可，范围更广。

07

实务问答

经常有客户和学员询问有关家族信托、保险金信托的各种问题。这一方面体现了大家对家族信托、保险金信托的日益关注，另一方面也体现了这方面知识的普及还远远不够。本章所列，都是我经常被问到的问题。希望我的回答既能解除你的困惑，也能让你更从容地解答客户类似的疑问。

国内的家族信托成熟吗

经常会有客户说："听说国内的家族信托很不成熟，所以暂时不考虑。"其实，不成熟的是家族信托的投资者教育。人们之所以觉得国内的家族信托不成熟，主要基于两个原因：一是个别从业人员专业水平不足；二是客户道听途说，一知半解。

关于"国内的家族信托是否成熟"这个问题，可以从以下三个方面来看。

从法律上来看

信托业内普遍将"家族信托"看作一种家族财产的法律安排。尽管我国还没有专门的家族信托法律制度，但 2001 年开始施行的《信托法》，已为信托关系、信托当事人和信托财产等法律关系的规范提供了支撑，并明确了信托财产的独立性。另外，家族信托的制度规范，在现行法律法规中也可以找到相应的法条。

我国在2001年出台的《信托法》，吸收了美国、日本和中国台湾地区信托业的相关经验，是一部相对成熟的法律。同时，《中华人民共和国物权法》《中华人民共和国公司法》等多部法律，对各类非货币形式的信托财产均有明确的约束和规范。

从2007年开始陆续施行的《信托公司管理办法》《信托公司集合资金信托计划管理办法》《信托公司净资本管理办法》，到2014年12月施行的《信托业保障基金管理办法》，这一系列的法律法规为国内家族信托业务的开展提供了法律保障。因此，在法律层面上，家族信托业务是没有任何障碍的。

此外，2018年8月17日，中国银保监会下发了《关于加强规范资产管理业务过渡期内信托监管工作的通知》（信托函〔2018〕37号）。该通知不仅第一次对“家族信托”进行了明确的定义，也肯定了家族信托在家庭财富管理中的作用和地位。

从规模上来看

在最近短短的几年时间内，国内的家族信托业务得到了快速发展。中国信登系统数据显示，截至 2020 年 3 月底，家族信托存续规模已突破千亿元大关。同时，全国一半以上信托公司都开展了家族信托业务。

如此大规模的家族信托业务，显然不能再用“不成熟”来形容。尤其是以中信信托、建信信托、平安信托和外贸信托等为代表的信托公司，已在家族信托业务领域深耕数年，为家族信托事业的发展做出了巨大贡献，也积累了很多的经验。

从实践上来看

如果说国内家族信托还有不成熟的一面，主要指的就是与信托相关的非交易财产登记制度尚未完善。信托财产流转登记制度缺失，在一定程度上妨碍了资金以外的其他财富形式比较方便地转入信托，而资金类家族信托，不管是在法律层面，还是在实践层面，都形成了一定的规模，并且发展迅速。在信托实务中，委托人可以通过转让交易过户登记手续（例如房产、股权、汽车等），将财产转移至受托人（信托公司）名下，以完成信托财产的有效交付和确认。

离岸家族信托更好吗

希望做离岸家族信托的人，主要是担心国内的家族信托无法实现真正的资产隔离保护功能。实际上，国内家族信托的资产隔离保护功能在《信托法》中已有明确规定，不存在任何争议。只要信托当事人适格、意思表示真实、信托财产合法且确定、信托目的合法，信托就合法有效。在信托合法设立、信托财产有效交付并可确认的情形下，信托财产的独立性和隔离保护效力毋庸置疑地受中国法律的保护。

2019 年 7 月 3 日至 4 日，最高人民法院在哈尔滨市召开了全国法院民商事审判工作会议。8 月 6 日，最高人民法院民事审判第二庭将《会议纪要》向全社会公开并征求意见。11 月 14 日，《全国法院民商事审判工作会议纪要》正式发布。

该纪要对由信托公司担任受托人的家族信托的风险隔离功能做出了明确规定。根据该纪要第 95 条的规定，信托财产的独立性再次得到确认："信托财产在信托存续期间独立于委托人、受托人、受益人各自的固有财产。""当事人因其与委托人、受托人或者受益人之间的纠纷申请对存管银行或者信托公司专门账户中的信托资金采取保全措施的，除符合《信托法》第十七条规定的情形外，人民法院不应当准许。"

所以说，国内家族信托和离岸家族信托并无优劣之分，各有特点和优势，也都有不足，不能简单地说哪一个更好。当然，离岸家族信托已有上百年的历史，它的运作经验更加成熟，配套的法律法规也更加完善。因此，国内的信托从业人员需要多学习离岸信托的经验，监管部门也需要不断完善相关的法律法规。

但是，在国内和境外资产之间还隔着外汇管制这样"一条河"的时候，最现实的做法是国内资产做国内家族信托，境外资产做离岸家族信托。简单来说就是：人在哪里、钱在哪里，就在哪里做资产配置。

特别要提醒的是，千万不可盲目将国内资产通过一些不合法的手段转到境外做信托，否则，在全球资产透明化的大背景下，个人财产信息会被披露回国内。一旦被税务部门或外汇管理相关部门调查，就可能需要回答以下几个问题：资金是如何（合法合规）出境的？资金来源是否合法，如何证明合法？资金是否合法完税？……

国内信托能隔离债务风险吗

“欠债还钱，天经地义。”这句俗语不仅蕴含着朴素的道德伦理，还涉及深厚的法律理念，那就是，合法有效的债权受法律的强制保护。正如《中华人民共和国民法通则》（以下简称《民法通则》）和《民法典》规定的，以合法形式掩盖非法目的的民事行为无效。《民法通则》和《民法典》还规定，违反法律、行政法规的强制性规定的民事行为无效；违背公序良俗的民事行为无效；行为人与相对人恶意串通，损害他人合法权益的民事行为无效。

如果委托人在设立信托时，信托目的和信托财产合法，信托的所有安排都符合法律规定、不违背公序良俗，并通过了信托公司的尽职调查，没有损害债权人的利益，没有恶意避债的意图，那么，该信托便是合法有效的。在委托人将信托财产转移给受托人之后，该财产即从委托人自身的财产中分离出去。如果委托人的债务产生于设立信托之后，那么债权人无权要求委托人用信托财产偿还。这就是信托隔离委托人债务风险的功能。

《信托法》第十二条规定："委托人设立信托损害其债权人利益的，债权人有权申请人民法院撤销该信托。人民法院依照前款规定撤销信托的，不影响善意受益人已经取得的信托利益。本条第一款规定的申请权，自债权人知道或者应当知道撤销原因之日起一年内不行使的，归于消灭。"那么，如果债权人想申请撤销信托，必须满足哪些条件呢?

第一，从时间上看，具有争议的债权必须是在信托设立之前发生的。也就是说，"债权在前，信托在后"时，信托的设立才可能对债权产生损害。

第二，从结果上看，设立信托确实损害了债权人的利益。即使"债权在前，信托在后"，但如果委托人的净资产仍然有能力偿还全部债务，信托的设立就没有损害债权人的利益，债权人便无权申请撤销信托。只要委托人能证明在设立信托后个人财产能够偿还债务，就可以抗辩撤销权申请。

第三，从方式上看，债权人须向法院起诉请求撤销。如果根据“谁主张，谁举证”的原则，那么债权人须承担举证责任，来证明设立信托后“委托人净资产不足以偿债”。但由于信息的不对称，债权人取证的难度较大，因此，适用“举证责任倒置”的原则更合理。即债务人（信托委托人）须证明在设立信托后仍有偿还债务的资产，若无法证明，债权人便可行使撤销权。

第四，从期限上看，债权人在知道或应当知道撤销原因之日起一年内，就必须提出撤销信托的申请，否则这一权利将归于消灭。

由此看来，债权人若想成功行使信托撤销权，难度是非常大的。在信托实务中，信托公司常常会要求委托人承诺，在设立信托时未损害第三人的合法债权，信托财产不存在债务负担。除此之外，委托人也可以通过提供财务报表或登报声明来证明自己无负债。但如果债权人要求撤销信托来偿还债务，且能够满足上面提到的几个条件，法院也会支持债权人的主张。

信托财产是怎么管理的

很多客户非常看重信托财产的保值增值功能，所以非常关心信托财产的管理问题。常见的信托财产管理模式有三种：全权委托模式、指令模式、财务顾问模式。

全权委托模式

全权委托，是指委托人基于对信托公司的信任，在信托存续期间，由信托公司根据委托人的风险承受能力、期望收益率、信托分配方案等需求，自行决定信托财产的投资策略和产品配置。

全权委托要求委托人对受托人的专业能力高度信任。全权委托的好处是，委托人不需要在信托财产的管理上花费时间和精力，可以腾出时间在擅长的领域更好地经营自己的事业，享受生活。

指令模式

指令模式，是指信托公司根据委托人的需求，提出投资建议和具体的产品配置方案，由指令权人进行决策，且每个产品的配置都需要指令权人发出投资指令。在委托人生前，指令权人通常是委托人本人；在委托人去世后，指令权人通常是委托人指定的第三人。

指令模式的好处是，在每个产品配置前，委托人或指定的第三人都会看到产品说明书和投资建议。但指令模式的不足也是显而易见的：一，大部分委托人或指定的第三人本身不具备专业能力，无法甄别产品的优劣；二，对于一个长达几十年甚至上百年的家族信托，如何使有能力下正确指令的指令权人不缺席，并不是一件容易的事。

财务顾问模式

如果委托人是一个专业投资者，或者有更加信赖的专业投资者（机构），那在受托人同意后，委托人可以聘请第三人（机构）或自己作为财务顾问。财务顾问在保证信托目的能够实现的前提下，全权处理信托财产的投资决策事宜。

需要说明的是，不管采用哪种模式来管理信托财产，都会提前约定投资风格、投资标的种类和范围、各方的权利和义务，以及信托财产损失责任的承担等内容。

股权和不动产可以放入家族信托吗

在法律上，我国的《信托法》并没有禁止将不动产和股权放入家族信托，但在信托实务中，将不动产和股权放入家族信托具有一定的操作障碍，流程较为复杂。由于非交易财产登记制度的缺失，委托人只能通过交易方式将股权和不动产放入家族信托，而且，交易的过程可能会产生高额的税费成本。因此在信托实务中，此类的案例较少。下面我们就简单介绍一下相关原理。

股权

将公司股权放入家族信托，可以实现股权由家族信托集中持有，保密性会更强，经营稳定性也更好。同时，在家庭成员出现离婚或其他情形须分割财产时，只需要在信托层面调整即可，而不会伤及公司股权结构。

1. **非上市公司**

收购或增资：委托人先设立资金家族信托，然后由家族信托收购或增资拟放入信托的目标公司。收购和增资，这两种方式产生的税费有较大差别，并且有一定的税务筹划空间。

设立 SPV：SPV 是英文 Special Purpose Vehicle 的缩写，中文意思为“特殊目的公司”，通常指的是仅为特定、专向目的而设立的法律实体（常常是有限责任公司或有限合伙企业），且这个实体并不做实际的经营。这种方式的运作原理大致是：委托人先设立资金家族信托，再搭建有限合伙 SPV，由委托人个人或个人独资公司担任 GP（General Partner，一般合伙人），家族信托作为 LP（Limited Partner，有限合伙人），以实现家族信托资产的财产权与管理经营权相分离。

如果公司未来有在内地上市的计划，最好不要将该公司放入家族信托，因为在监管层面，“三类股东”作为 IPO（Initial Public Offering，首次公开募股）的首发原始股东具有适当性要求。[①]

2. 上市公司

委托人先设立资金家族信托，然后由家族信托直接通过二级市场或者大宗交易购买上市公司股份。上市公司的股权市场价值公开透明，在放入家族信托时，税务筹划空间很小。而且，上市公司作为公众公司，除受《中华人民共和国公司法》《中华人民共和国证券法》的约束外，还需要遵守中国证监会的监管规则。比如，新上市的公司股权有一定的锁定期，锁定期内不能转让；家族信托持有上市公司股权达到5%时需要公告，达到20%时需要公告投资者及其一致行动人的控股股东、实际控制人及其股权控制关系结构图、取得相关股份的价格、资金来源等；家族信托持有上市公司股权达到30%时，还可能要向全体股东发起要约收购。因此，将国内上市公司的股权放入家族信托，保密性较弱，限制也较多。

---

①"三类股东"是指信托计划、资产管理计划和契约性基金持股。简单来说，中国证监会对于首发上市公司，要求三类股东不能为公司控股股东、实际控制人，也不能是第一大股东。

股权家族信托结构图

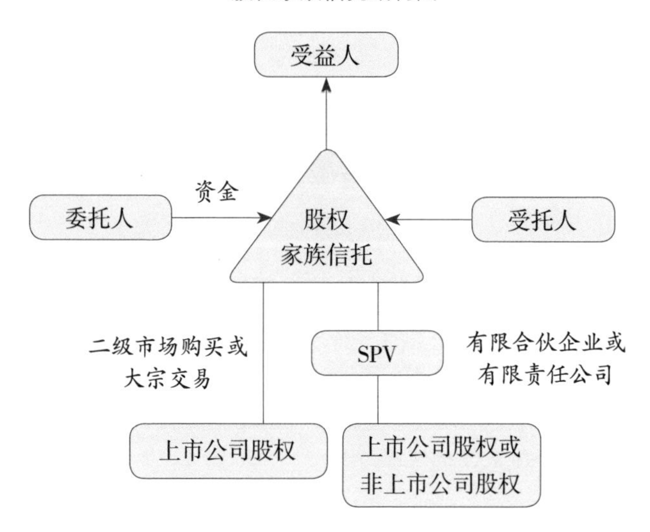

不动产

将不动产放入家族信托，就是将不动产产权过户到信托公司。目前，委托人只能通过买卖交易的形式来实现，主要有以下两种方式：

1. 用家族信托的资金购买委托人名下的房产

这种方式是，先设立资金家族信托，再用信托与委托人交易，并将房产从委托人名下过户到信托公司。2014 年，北京银行和北京国际信托有限公司合作的国内第一例不动产家族信托，即采用了此方案。尽管其中的各种税费无法避免，但与后代的婚姻分产风险相比，这些费用是委托人愿意承受的。

需要特别说明的是，如果委托人已经先行设立家族信托，而房子还没有买，这时直接用信托资金购买房子，会更加方便，交易成本也没有增加。

2. 用家族信托下的 SPV 购买委托人名下的房产

这种方式是，先成立资金家族信托，在信托下面设立 SPV，再通过 SPV 购买委托人的房产。虽然这样多搭了一层架构，但也相当于将持有房子的 SPV 股权装入家族信托了。

把股权放入家族信托，会带来公司管理的问题，比如公司的经营权和管理权、表决权和分红权等问题。

将房产装入家族信托，除了要承担较高的税费外，还要注意两大风险：一是政策风险，比如自然人或法人房屋交易的限制；二是持有成本，法人持有房产可能会比自然人多出一些税费，未来也可能会有房产税。把投资或经营性商业用房放入家族信托，则会带来房屋出租经营管理、未来可能出现的拆迁置换等经营性问题。

这些事务性的管理都需要配套专业人士或第三方服务，这或许也是大多数信托公司不愿意将个人房产或小企业股权放入家族信托的一个重要原因。

不动产家族信托结构图

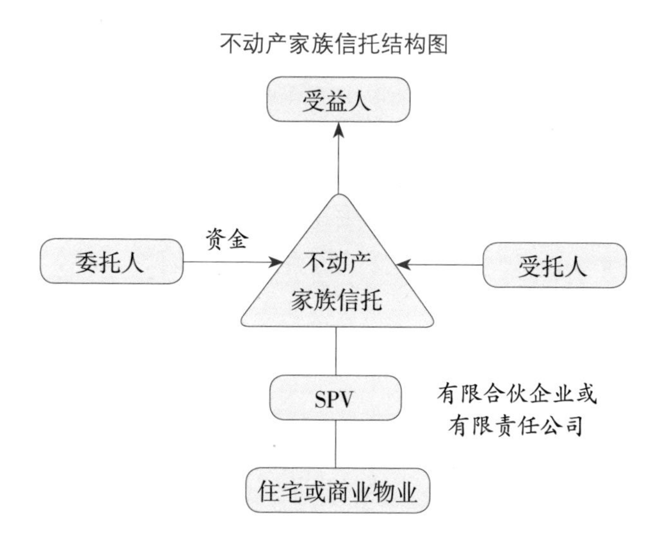

在委托人离婚时，信托财产会被分割吗

避免因离婚而带来的财产分割风险是家族信托的重要功能之一。原则上，在合法有效的家族信托中，信托财产是独立的，不再属于委托人及（或）其配偶，在委托人离婚时，信托财产不会被分割。但实际情况需要具体分析。

结婚前设立的家族信托

如果家族信托是委托人在结婚前设立的，毫无疑问，信托财产来源于委托人的婚前个人财产。家族信托具有财产保护功能，除非委托人修改信托条款，否则在委托人结婚后，信托财产及其收益不会与夫妻共同财产混同。因此，即使委托人离婚，也不存在信托财产被分割的风险。

结婚后设立的家族信托

如果家族信托是在委托人结婚后设立的，那就需要先确认该信托财产的权属。如果委托人没有确切证据证明用于设立信托的财产是个人财产，该财产就会被认定为夫妻共同财产。《婚姻法》第十七条规定：“夫妻对共同所有的财产，有平等的处理权。”《民法典》第1062条规定：“夫妻对共同财产，有平等的处理权。”所以，设立家族信托时需要夫妻二人双录（录音和录像）和当面签订，且委托人的配偶需要签订类似“配偶确认函”的文件。这样做是为了声明，自己已知悉配偶以夫妻共同财产设立家族信托，并同意所有信托条款，同时承诺任何时候都不会对家族信托的设立提出异议、诉讼或仲裁。

如果委托人用夫妻共同财产设立家族信托，但配偶已签字放弃该财产的处分权，那么离婚后，信托财产不会被分割。但在现实生活中，除非受益人是子女或委托人给配偶其他补偿，一般来说，配偶不会轻易放弃夫妻共同财产的处分权。

保险金信托

如果配偶不是保险合同的当事人，那委托人用这份保单设立保险金信托时，有的信托公司是不要求配偶签字确认的。假如委托人离婚，其配偶要求分割信托财产，又会如何处理呢？

（1）如果保险金还没有进入信托，经过调解或诉讼，一种情况是，保单被退保并被分割现金价值，信托失效；另一种情况是，如果投保人愿意支付配偶保单现金价值的一半作为对价，保险合同和保险金信托就仍然有效。

（2）如果保险金已经全部或部分进入信托中，它就会成为独立的财产，委托人的配偶是无权要求分割的。当然，假如没有信托账户，保险金由保险公司给付给了受益人，投保人的配偶也无权要求分割受益人获得的保险金。

根据上面的分析，我们可以看出，家族信托是保护个人财产在离婚时不被分割的好工具。当然，要达到这一目的，委托人最好在结婚前设立家族信托。

信托公司破产了怎么办

对于一个要保障家族几代人的财富传承规划，家族信托的存续时间会长达几十年，甚至上百年。常常会有委托人问："假如信托公司破产了怎么办？我的财富是不是就血本无归了？"

《信托法》确立了信托财产的独立性

《信托法》第十六条规定："信托财产与属于受托人所有的财产（以下简称固有财产）相区别，不得归入受托人的固有财产或者成为固有财产的一部分。受托人死亡或者依法解散、被依法撤销、被宣告破产而终止，信托财产不属于其遗产或者清算财产。"

《信托法》第二十九条规定："受托人必须将信托财产与其固有财产分别管理、分别记账，并将不同委托人的信托财产分别管理、分别记账。”

《信托法》第三十九条规定：“受托人有下列情形之一的，其职责终止：……（三）被依法撤销或者被宣告破产；（四）依法解散或者法定资格丧失；……受托人职责终止时，其继承人或者遗产管理人、监护人、清算人应当妥善保管信托财产，协助新受托人接管信托事务。”

由此可见，信托财产不属于信托公司的自有资产。如果信托公司被依法撤销或被宣告破产，信托财产不会参与破产清算，但会影响到信托关系的存续。此时，如果委托人在世，可以另行选择信托公司，以便保持信托的独立性和稳定性；如果委托人离世，则按照信托合同的约定进行处理。

信托公司属于非银行金融机构，受严格监管

在我国，信托公司属于非银行金融机构，受中国银保监会的监管。同时，信托公司内部也有一套严密的风险控制体系，以保障公司合法合规运营。因此，大部分的信托公司都可以稳健地运营。

近两年，中江国际信托股份有限公司（简称中江信托）有较多项目发生逾期。中江信托曾是信托业的一匹黑马，但从 2017 年开始频繁“爆雷”。截至 2018 年底，中江信托有 30 多个项目到期不能兑付，涉及金额高达 79 亿元。[①]2019 年 6 月 25 日，经中国银保监会审批同意，“中江国际信托股份有限公司”变更为“雪松国际信托股份有限公司”。此前，雪松控股受让了中江信托 71.3005% 股权完成工商注册登记。雪松控股表示，“会全力支持中江启动历史遗留问题的专项行动，对中江问题负责到底，维护投资人的合法权益”。

信托牌照是最稀缺的金融牌照，截至 2020 年 6 月底，全国只有 68 家信托公司，而在银行业，只有 4 家银行拥有信托牌照，分别是中国建设银行旗下的建信信托、交通银行旗下的交银国信、兴业银行旗下的兴业信

---

① 新浪财经网．中江信托迎新大股东 或改名为“雪松国际信托”．finance.sina.com.cn/roll/2019-04-23/doc-ihvhiewr7765424.shtml，2020-5-25.

托，以及浦发银行旗下的上海信托（同时持有银行和信托牌照的还有中信集团、平安集团和光大集团，但一般不认为是银行控投信托），被称为“宇宙行”的中国工商银行多年运作，也未能获得信托牌照。因此，手握“香饽饽”的信托公司，也会极其珍惜自身的牌照，不管是开展业务还是内部治理，都会对合规经营极为重视。

监管部门要求信托公司做好“生前遗嘱”

2014 年，原中国银行业监督管理委员会（以下简称中国银监会）发布了《关于信托公司风险监管的指导意见》（银监办发〔2014〕99 号）。该“指导意见”明确提出，“信托公司应结合自身特点制订恢复与处置计划”，要求信托公司事先做好出现重大风险时的应对措施。这就是信托业常说的信托公司的“生前遗嘱”。

信托业保障基金做保障

银行、证券、保险、信托作为国家的四大金融支柱，其行业安全至关重要，因此，它们都有极严格的制度保障。保险业有保险保障基金，证券业有投资者保护基金，银行业有存款保险制度。2014 年底，在原中国银监会和财政部的推动下，《信托业保障基金管理办法》开始施行。2015 年 1 月，中国信托业保障基金有限责任公司成立。

法条链接

《信托业保障基金管理办法》

第十四条 保障基金现行认购执行下列统一标准，条件成熟后再依据信托公司风险状况实行差别认购标准：

（一）信托公司按净资产余额的 1% 认购，每年 4 月底前以上年度末的净资产余额为基数动态调整；

（二）资金信托按新发行金额的 1% 认购，其中：属于购买标准化产品的投资性资金信托的，由信托公司认购；属于融资性资金信托的，由融资者认购。在每个资金信托产品发行结束时，缴入信托公司基金专户，由信托公司按季向保障基金公司集中划缴；

（三）新设立的财产信托按信托公司收取报酬的5%计算，由信托公司认购。

第十九条　具备下列情形之一的，保障基金公司可以使用保障基金：

（一）信托公司因资不抵债，在实施恢复与处置计划后，仍需重组的；

（二）信托公司依法进入破产程序，并进行重整的；

（三）信托公司因违法违规经营，被责令关闭、撤销的；

（四）信托公司因临时资金周转困难，需要提供短期流动性支持的；

（五）需要使用保障基金的其他情形。

《信托业保障基金管理办法》的实施，从制度上保证了在信托公司债务重组、破产重整或被责令关闭、撤销时，保障基金会充当救助者，以保护信托当事人的合法权益，避免行业风险。

由此可见，无论是从监管层面、法律层面还是从制度层面来看，信托公司都是有保障的。因此，信托公司一般不会破产倒闭，即使出现极端风险，委托人的利益也不会受到太大影响。

家族信托能规避遗产税吗

遗产税又称“继承税”，在英国曾被称为“死亡税”，是以被继承人去世后所遗留的财产为征税对象，向财产的继承人征收的一种财产税。一般来说，继承人在缴纳遗产税后，才可以合法继承遗产。

我国目前没有遗产税，暂时也没有开征遗产税的时间表，遗产税是否应该开征，在国家税务部门和学术界仍有分歧。虽然有关遗产税的传闻时常见于媒体，但是，2017 年 8 月 21 日，财政部财税函〔2017〕197 号在回复政协委员提案时表示，“我国目前并未开征遗产税，也从未发布遗产税相关条例或条例草案”，并否认曾发布过《中华人民共和国遗产税暂行条例（草案）》。[①] 同时，财政部在回函中还提到，“部分开征遗产和赠与税的国家和地区近年来出现了取消或弱化该税种的趋势”。可见，财政部对是否推出遗产税持非常审慎的态度。

如果有人问：“自然人在生前设立家族信托是否能规避遗产税呢？”那么从私人信托最发达的美国来看，答案是：不一定！

委托人将财产放入信托中，相当于把财产赠与出去了。如果委托人对信托保留修改的权利，比如撤销信托或修改信托的条款，那么，在美国联邦政府看来，这并非一个有效的赠与，因为委托人并没有放弃自己的财产。这意味着，放入信托中的财产在委托人去世后，仍然要缴纳联邦的遗产税。所以，可撤销信托对遗产税的规避毫无意义。

---

① 国家财政部官网．财政部关于政协十二届全国委员会第五次会议第 0107 号（财税金融类 018 号）提案答复的函．http://szs.mof.gov.cn/jytafwgk_8391/2017jytafwgk/2017zxwytafwgk/201710/t20171017_2726094.html，2020-5-25.

对于不可撤销信托来说，委托人是永久地放弃了信托财产的所有权，因此在委托人去世后，其生前已经转移的财产自然不属于应税遗产。但是，在设立家族信托时，委托人向信托公司转移财产的行为被视为赠与行为，委托人是需要缴纳赠与税的，而赠与税的税率与遗产税的相同。

尽管如此，在遗产税的筹划中，家族信托仍然具有非常重要的作用，主要体现在两点：

第一，虽然家族信托并不能同时规避遗产税和赠与税，但是，基于财富传承目的的家族信托，其存续期限一般都会持续三四代人，甚至更长，它可以规避代际传承之间的遗产税。

第二，初始信托财产金额可能相对较小，在赠与税免税额度内，因此，委托人在设立家族信托时无须缴纳赠与税。然而，信托财产在经过若干年的运作后，会大幅增值，很可能会远远超过赠与税的免税额度（2019年，美国公民赠与税的免税额度为每人1140万美元，

2020 年进一步提升至 1158 万美元）[①]。由于信托财产和收益都不是遗产，受益人在获得信托利益时，仍然不用缴纳遗产税。

① 美国国家税务局网站 . https://www.irs.gov/businesses/small-businesses-self-employed/whats-new-estate-and-gift-tax，2020-5-25.

设立保险金信托时会做哪些尽职调查

为了维护信托当事人的利益，确保信托行为合法，尽职调查是信托设立过程中的重要环节。尽职调查简称尽调，又称谨慎性调查，是指信托合同各方达成初步意向后，经协商一致，信托公司作为受托人，就委托人及信托相关的各类事项开展的现场调查、信息收集、资料分析等一系列活动。

纯保险金信托

对于只涉及保险不追加现金的保险金信托，因为在投保人购买保险时，保险公司已对大额保单进行过反洗钱调查、财务调查等尽职调查工作，所以信托公司的尽职调查过程会相对简单。委托人只需要提供与保单投保人、被保险人和信托受益人相关的一些基础材料即可，如个人身份证明、信托受益人与委托人的关系证明等。

追加现金的保险金信托

经营保险金信托业务的信托公司，非常乐意看到委托人向信托账户中追加现金。因为对于信托公司来说，未来的保险金是“期货”，在其成为信托财产之前，除了收取少量的设立费，信托公司并没有其他收入。而追加的现金则是“现货”，可以为信托公司带来当期的信托报酬。

如果委托人向保险金信托中追加现金的话，信托公司的尽职调查就会复杂一些。除上述的基础信息外，委托人还需要提供资金来源合法性的证明（如薪金流水、银行理财账户流水、企业分红流水、证券或基金投资记录、房屋买卖合同等）、资金完税证明、婚姻证明（未婚、已婚、离异或丧偶）等，有的信托公司甚至会要求委托人提供工作履历、中国人民银行征信中心的个人信用报告、企业财务报表等。

设立保险金信托涉及哪些费用

设立保险金信托一般会涉及两笔费用：信托设立费和信托报酬。有的保险金信托可能还会涉及其他费用。

信托设立费

委托人在初次设立保险金信托时，需要承担信托设立费（也有信托公司不收取设立费），一般在双方达成信托意向后、签订信托合同前，由委托人一次性支付给信托公司。不同的信托公司，信托设立费也不相同，一般从几万元到十几万元不等。信托设立费与保险金额、保单多少无关，与信托目的和信托合同复杂程度关系较大。

有些信托公司在设立信托时，也可能会收取律师费。这两笔费用一般从几万元到十几万元不等，而不同信托公司，其费用也会稍有区别。如果委托人将来想把其他保单或现金资产装进同一信托，信托公司一般是不会再收费的。

信托报酬

信托报酬一般分为固定信托报酬和浮动信托报酬。

1. 固定信托报酬

固定信托报酬，可以理解为信托管理费。在保险金（年金或身故保险金）进入信托账户后，信托公司每年会根据信托财产金额按比例收取管理费。该管理费一般是按日计算和提取的，且每季度、或半年、或一年从信托财产中扣取一次。年度固定信托报酬一般在信托财产规模净值的 0.3% ~ 1.5% 之间。

2. 浮动信托报酬

有的信托公司会约定，在委托人的保险金进入信托账户后，信托公司帮委托人做投资理财，且在投资理财取得收益后，对收益部分进行提成，这就是浮动信托报酬。比如，信托公司划定一个 3% 的及格收益线，假如今年的信托财产年化收益率超过了 3%，信托公司就会对超出及格线的收益部分进行提成，提成点从 20% 到 40% 不等。这种报酬方式的优点在于，信托公司的利益和委托人的利益相绑定，信托资产的收益越好，信托公司获得的利益也会越高，能给信托公司以有效激励。

另外，设立保险金信托可能还会涉及其他费用，比如定制条款费用、变更受益分配方式费用、监察人条款费用、财务顾问（投资顾问）费用、银行托管费用，等等。

保险金信托会承诺保本吗

监管不允许承诺保本

《信托公司管理办法》第三十四条规定："信托公司开展信托业务，不得有下列行为：（一）利用受托人地位谋取不当利益；（二）将信托财产挪用于非信托目的的用途；（三）承诺信托财产不受损失或者保证最低收益；（四）以信托财产提供担保；（五）法律法规和中国银行业监督管理委员会禁止的其他行为。"

监管不允许刚性兑付

"打破刚性兑付"是"资管新规"的重要内容。"资管新规"明确要求，"金融机构开展资产管理业务时不得承诺保本保收益。出现兑付困难时，金融机构不得以任何形式垫资兑付"。资产管理业务是指银行、信托、证券、基金、期货、保险资产管理机构、金融资产投资公司等金融机构接受投资者委托，对受托的投资者财产进行投资和管理的金融服务。

2019 年 11 月 14 日，最高人民法院公布了《全国法院民商事审判工作会议纪要》，其中第 92 条规定：“信托公司、商业银行等金融机构作为资产管理产品的受托人与受益人订立的含有保证本息固定回报、保证本金不受损失等保底或者刚兑条款的合同，人民法院应当认定该条款无效。受益人请求受托人对其损失承担与其过错相适应的赔偿责任的，人民法院依法予以支持。”

实践中，保底或者刚兑条款通常不在资产管理产品合同中明确约定，而是以“抽屉协议”或者其他方式约定，不管形式如何，均应认定无效。

投资必然伴随风险

在各类投资活动中，风险都是不可避免的。收益和风险形影相随，收益以风险为代价，风险用收益作补偿。作为一种金融投资工具，保险金信托会涉及资金的投资与管理，因此，也必然会面临诸如市场风险、管理风险、交易对手信用风险等一系列风险。

然而，对于主动管理型信托，信托公司大多采用较为稳健的管理风格，而且委托人也可以选择信托财产的投资风格，所以，保险金信托的投资风险是可控的。

保险金信托能撤销吗

信托一旦设立，信托财产的所有权即发生转移，不再属于委托人，所以委托人是不能撤销信托取回财产的。但是，在设立信托时，委托人可以选择设立可撤销信托还是不可撤销信托。委托人可以根据自身的需求，决定是否保留自己对信托的撤销权。如果保险金已经给付或赔付至信托公司，除非信托合同有特别约定，否则，保险金信托合同是不能撤销的。

在可撤销信托中，委托人保留了自己随时终止信托并取回信托财产的权利，这表明委托人对信托财产的控制力很强，随时可以将信托财产变现。因此，可撤销信托的资产隔离功能很弱。

对于保险金信托来说，实现信托目的的前提是保险金给付或赔付至信托公司。在保险金给付或赔付之前，可能会发生投保人退保或将保险的受益人变更为自然人，或其他保险合同终止的情形，这样的话，信托公司就可能永远得不到实际财产，信托自然会因为信托目的无法实现而终止。

声　明

保险金信托是在 2014 年落地国内的创新型组合金融工具，因此，可参考的文献和资料十分有限。虽然作者已经尽力更新了最新的数据和所能了解到的行业内最新动态，但考虑到保险金信托近几年在国内的迅速发展，当您看到本书时，有些内容还是有过时的可能的。

对于一个非专业人士来说，家族信托和保险金信托领域是复杂而晦涩的。作为一本保险金信托的入门读本，作者已尽可能用浅显的文字和简单的方式，为想了解这个领域的朋友加以介绍。当然，书中很多地方的表达不够严谨，也不够深入，还请您包涵和理解。

本书提及的案例不一定为真实案例，仅是为说明保险金信托相关内容而设计的，因此，不保证案例数据的准确性和真实性。

本书提及的相关保险和信托公司的数据及做法，或来源于公开资料，或来源于非正式场合的交流。在本书出版时，部分数据和做法并未经相关公司确认，仅供参考。

本书中的观点仅代表个人，与作者所服务的机构无关，对相关法律问题的分析和讨论，不构成任何法律意见。若您以本书相关内容作为投资参考造成损失，作者不承担任何法律责任。

若您对本书内容有任何建议或意见，或者想探讨书中提到的问题，欢迎给作者发送电子邮件，邮箱地址为：139021@163.com。您也可以通过微信公众号“遇见升哥”（ID：meet_sheng）与作者交流。

保险金信托极简讲义

李升◎著

保险金信托运作模式示意图

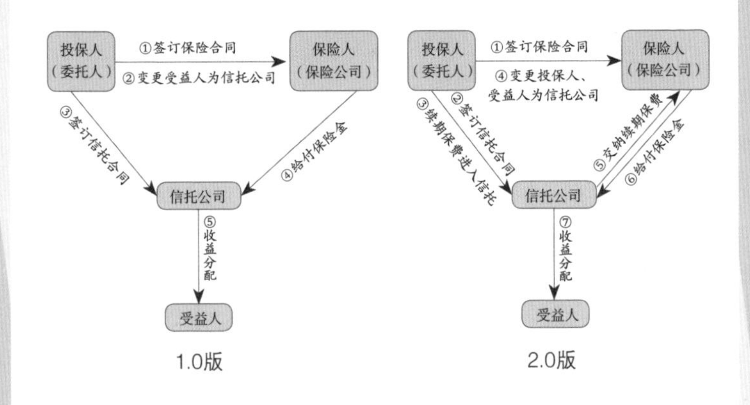

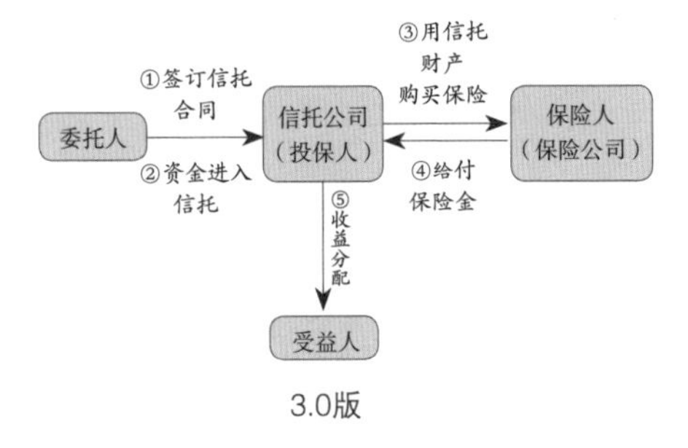